建筑逆向拆除理论与应用

储德文　陈　茜◎编著

中国建筑工业出版社

图书在版编目（CIP）数据

建筑逆向拆除理论与应用 / 储德文，陈茜编著. —
北京：中国建筑工业出版社，2023.9
ISBN 978-7-112-29106-9

Ⅰ. ①建… Ⅱ. ①储… ②陈… Ⅲ. ①建筑物—拆除
Ⅳ. ①TU746.5

中国国家版本馆 CIP 数据核字（2023）第 170531 号

本书较全面地讲解了建筑逆向拆除法的基本概念、主要特点、难点问题以及解决方法，介绍了逆向拆除法工程试点应用实例情况。全书共分 6 章，第 1 章概述了逆向拆除法的发展历史和特点，总结了需要解决的难点问题；第 2 章介绍了与逆向拆除法相关的设计参数和荷载取值；第 3 章讲解了逆向拆除法的竖向转换、抗侧力结构以及竖向移动导向；第 4 章介绍了适用于逆向拆除法的动力设备及液压同步移位控制系统；第 5 章讲解了逆向拆除全过程模拟分析；第 6 章为工程试点和试验。本书前 5 章为逆向拆除法的基本概念和基本理论，第 6 章的工程试点是对前 5 章内容的综合应用。

本书呈献给从事建筑拆除实践工作的工程技术人员，旨在交流和推动建筑拆除行业的发展，也可供研究建筑拆除、城市更新、建筑改造的科研人员、研究生参考。

责任编辑：刘瑞霞　梁瀛元
责任校对：张　颖

建筑逆向拆除理论与应用
储德文　陈　茜　编著
*
中国建筑工业出版社出版、发行（北京海淀三里河路 9 号）
各地新华书店、建筑书店经销
国排高科（北京）信息技术有限公司制版
北京君升印刷有限公司印刷
*
开本：787 毫米 × 1092 毫米　1/16　印张：8¾　字数：190 千字
2023 年 11 月第一版　　2023 年 11 月第一次印刷
定价：**40.00** 元

ISBN 978-7-112-29106-9
（41832）

前　言

本书介绍的逆向拆除法是自下而上对建筑进行拆除的方法，与从顶层开始、由上而下的正向拆除方式正好相反，因此称为逆向拆除。具体来说，逆向拆除法是在建筑底层利用临时支撑与千斤顶交替托举起整栋建筑，通过分次截断柱、墙等结构竖向构件，把建筑物逐渐降低，使得每一层的梁、板可以在接近地面的施工层拆除，建筑废弃物直接运走，减少垂直运输和人员高空作业。

进入 21 世纪，日本约有 100 栋年龄超过 40 年的高层建筑，由于高层建筑大部分位于房屋密集的城市中心，拆除施工需要控制对周边的影响，除了安全方面的因素之外，施工还必须尽量减小振动、噪声、粉尘的影响，使建筑物在公众眼里不知不觉地消失是工程界的愿景和目标。2007 年，日本鹿岛建设株式会社首先提出了逆向拆除方法，命名为“削低（Cut & Take Down）施工法”，也称为“达摩落施工法”，因其从建筑物底部开始拆除而引起工程界的瞩目。2008 年，鹿岛建设采用逆向拆除法拆除了位于东京港区的两栋高层办公楼，一栋为 20 层、75m 高，另一栋为 17 层、65m 高，这是逆向拆除法的首次工程应用。2012 年，鹿岛建设拆除了位于东京千代田区大手町的理索纳玛鲁哈大厦（Resona Maruha Building），该大厦面朝皇宫，24 层，高 108m，这是逆向拆除法在超过百米的超高层建筑中的首次应用，也是逆向拆除法的第二次应用。除了造价偏高外，逆向拆除法展示了良好的安全性，环保效益显著，给城市密集区高层建筑的拆除提供了新的思想和路径。

我国的高层建筑经过几十年的快速发展，有些建筑也面临着拆除重建的问题，需要为建筑物的拆除尤其是城市密集区高层建筑的拆除提供多种技术方案。在众多建筑拆除技术中，逆向拆除法可以说打破了建筑拆除的常规思路，是有益的探索和实践。

由于逆向拆除法公开的技术资料很少，在研究和分析该项技术过程中，逐渐形成了一系列的问题：建筑物究竟是如何逐步降低的？建筑物的重量是如何传递的？整体下降的同步性是如何得到保障的？施工过程的风险是如何监测预警和管控的？建筑物在施工过程中如何抗风、抗震？这些实际上是逆向拆除法面对的重点和难点问题，如果不解决这些问题，逆向拆除法就很难走向实际的工程应用，或者在施工过程中存在安全隐患。

对于逆向拆除中存在的上述问题，作者总结了自己的研究和实践，介绍了建筑逆向拆除有关的计算分析、转换技术、动力设备、控制系统、过程仿真分析、风险预警，旨在与从事建筑拆除相关工作的技术人员交流和探讨，共同推动我国建筑拆除技术的进步和发展。

需要说明的是，作为一项特种施工技术，逆向拆除法不仅可以用于整栋建筑的拆除，还可以用于建筑物的局部拆除、改变层高、建筑纠偏等城市更新和建筑改造工程。

全书共分 6 章，储德文负责第 1 章～第 3 章、第 5 章、第 6 章，陈茜负责第 4 章，全书由储德文统稿，各章的内容梗概如下：

第 1 章概论，简单介绍了建筑拆除的部分新技术，重点介绍了逆向拆除法，力求阐明逆向拆除法的基本概念、主要特点，总结逆向拆除法实际面临的主要问题和难点，并对未来的应用前景做了展望。

第 2 章设计参数与荷载，就逆向拆除有关的设计参数和荷载取值展开论述，希望能为逆向拆除分析计算在设计参数和荷载取值方面提供一般性的解决方案。逆向拆除时结构实际处于拆除施工状态，设计工作年限与永久建筑不同，现行标准规范对建筑拆除阶段分析计算的规定不多或不明确，尤其是地震作用如何取值没有明确规定。拆除阶段的地震作用应基于施工工期，本质上是不同重现期地震作用问题，介绍了一种通过地震烈度分布函数推算不同重现期地震作用参数的方法，并制成表格，供工程技术人员参考。

第 3 章竖向转换与抗侧力结构，阐述了空腹桁架转换、梁端竖向转换、柱抽芯转换、桁架式转换等竖向转换方法，以及钢筋混凝土实腹筒、钢结构空腹筒等抗侧力结构。逆向拆除法的核心是竖向荷载的传递，即将建筑重量通过托举设备或临时措施传递至基础。同时，拆除体系必须具有抵抗水平外界作用的能力，抵抗水平作用的抗侧结构同时也可兼作竖向移动限位导向结构，消除上部结构按照既定路线逐步向下移动过程中的轻微摆动。

第 4 章动力设备及液压同步移位控制系统，介绍了专门为逆向拆除所做的机械设备和控制系统研发工作。动力设备在逆向拆除中起着举足轻重的作用，主要介绍了大吨位长行程千斤顶和泵站的研发、设计、试制、加工，同步移位控制系统的开发，以及千斤顶、泵站和控制系统之间的调试、性能测试。

第 5 章全过程模拟分析，介绍了对逆向拆除全过程的仿真分析，其目的是在有限的监测数据情况下，了解与掌握逆向拆除结构实时的内力与变形状态，保证逆向拆除结构施工期间的安全，降低监测费用，希望在逆向拆除风险识别和管控方面给工程技术人员以启发。

第 6 章工程试点与试验，介绍了所做的一个工程试点案例，对方案设计、逆拆流程、现场监测、施工组织做了阐述，是前面几章研究成果的实际应用。结合试点工程，做了模拟竖向位移差试验，目的在于通过试验研究千斤顶不同步时柱的轴力变化，为千斤顶吨位选择、拆除方案分析计算提供试验依据。

同事马宏睿副研究员、李义龙高级工程师、赵爽高级工程师、梁存之研究员、张强高级工程师、朱莹高级工程师、研究生时继瑞等为本书做了大量的工作，在此深表感谢。

在此特别感谢所在的工作部门、实验室和中建研科技股份有限公司给予的大力支持和帮助。

感谢中国建筑科学研究院建筑设计院为本书提供图纸资料，四平欧维姆机械有限公司、河南强盛预应力检测有限公司为动力设备和同步移位控制系统测试提供的大力帮助，以及贵州轮胎股份有限公司、北京橡胶工业研究设计院、贵州锐鑫欣建筑工程有限公司、浙江大学土木工程学院、贵州省建筑科学研究院为工程试点提供的大力协助。

作者水平有限，在书中难免出现不妥或是错误之处，敬请广大读者批评指正，在此表示谢意，并在今后的工作中加以改进和完善。

储德文

2023 年 6 月

目　录

第1章

概　论

1.1 建筑的拆除

建筑自其被一砖一瓦盖起来，经历岁月的洗礼，完成自己的历史使命后，一步一步走向服务期的终点，经过拆除重建而获得新生。传统的建筑拆除方法主要包括人工拆除、机械拆除和爆破拆除三种。

人工拆除是指以人工为主、借助一些简单工具对建筑物进行破碎和拆除的一种拆除方法（图 1.1-1），是最原始的拆除方法，也是适用面最广的拆除方法。

图 1.1-1 人工拆除

机械拆除是以机械为主、人工为辅的一种拆除方法（图 1.1-2）。对于中低层房屋，可以在地面操作机械，对于高层建筑，则需要把机械运至屋顶，自上而下逐层拆除。

图 1.1-2 机械拆除

爆破拆除是通过爆破使得结构破碎解体的一种拆除方法，主要适用于场地空旷、人烟稀少的环境。其优点是后期清理过程可避免高空作业，缺点是需要足够的场地，并且要控制爆破过程中的飞石、尘土、噪声、振动冲击，图 1.1-3 展示了 2020 年 10 月 31 日河南省郑州中科信息大厦爆破拆除的过程。

图 1.1-3 郑州中科信息大厦爆破拆除（来源：大河报）

在高层建筑拆除方面，2011 年，日本大成建设株式会社基于控制粉尘扩散、减少噪声污染、安全施工、提高施工效率等理念，研发了大成环保拆除系统（Taisei Ecological Reproduction System，缩写为 TECOREP）。

大成环保拆除系统如图 1.1-4 所示，保留待拆除建筑的屋面结构，顶部几层设置向下移动装置，外挂隔声板，被拆解的构件从建筑内部垂直运输到地面再运送至指定地点。整个拆除在封闭空间内进行，可以有效防止高空粉尘扩散与噪声传播。垂直吊装运输装置自带发电系统，根据每次运输废弃物的重量发电。这种拆除方法机械化程度高，适用性强。2011 年，大成建设采用环保拆除系统拆除了 150m 高的东京某办公大楼（图 1.1-5），2012 年拆除了 139m 高的东京赤坂王子酒店（Akasaka Prince Hotel），取得了良好的效果（图 1.1-6）。

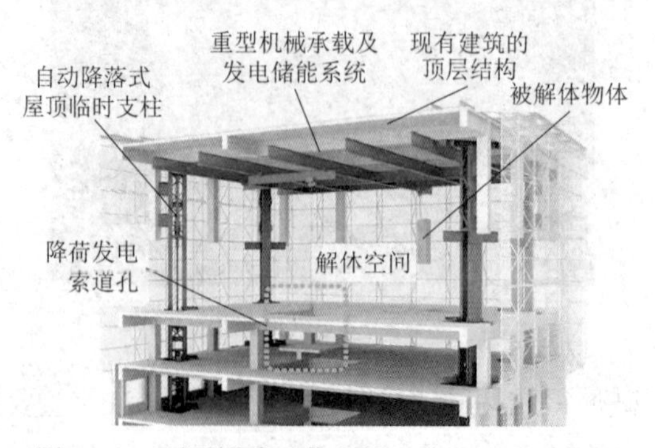

图 1.1-4 顶层拆除工作空间（来源：大成建设）

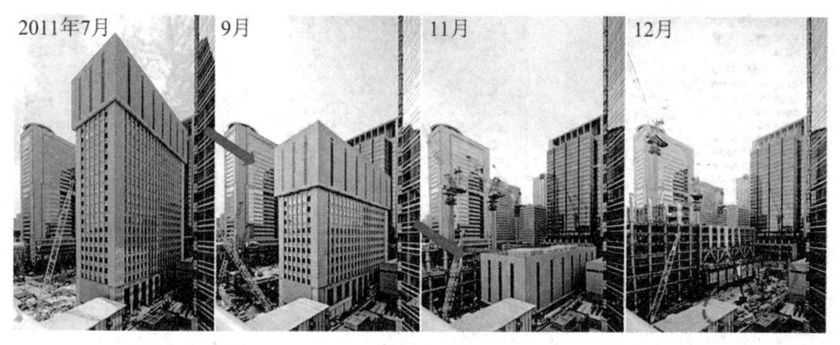

图 1.1-5 东京某办公大楼拆除施工过程（来源：大成建设）

图 1.1-6 东京赤坂王子酒店拆除施工过程（来源：大成建设）

1.2 逆向拆除法

1.2.1 逆向拆除法的提出

一般而言，建筑物的拆除顺序与施工建设顺序相反，即先建后拆、后建先拆，对于楼房来说，自上而下是正常的拆除次序。人工拆除和机械拆除一般都是自上而下逐层进行拆除，即顺拆，爆破拆除则是一次性整体拆除。

2007 年，日本鹿岛建设株式会社提出了“达摩落施工法”（图 1.2-1～图 1.2-2），又称削低（Cut & Take Down）施工法。这种拆除方法是在建筑底层利用临时支撑与千斤顶交替顶起整栋建筑，通过分次截断柱子，把建筑物逐渐降低，使得每一层的梁、板可以在接近地面的施工层破解拆除，建筑垃圾直接运走，减少垂直运输。这种拆除方法是从建筑物底部开始拆，与常规正向拆除方法方向相反，故称为逆向拆除法。

2008 年，鹿岛建设采用逆向拆除法拆除了位于日本东京港区的两栋办公楼，其中 1 号办公楼为 17 层、65m 高，2 号办公楼为 20 层、75m 高，这是逆向拆除法的首次工程应用。2012 年，鹿岛建设采用逆向拆除法拆除了位于日本东京千代田区大手町的理索纳马鲁哈大厦（Resona Maruha Building），该大厦面朝皇宫，24 层，高 108m，这是逆向拆除法在超过百米的超高层建筑中的首次应用。上述案例是迄今为止鹿岛建设采用逆向拆除法拆除的 3 个工程实例，国内尚未见到将逆向拆除法用于工程实践的报道。

图 1.2-1　鹿岛总部 1 号、2 号办公楼逆向拆除施工过程（来源：鹿岛建设）

图 1.2-2　理索纳马鲁哈大厦逆向拆除施工过程（来源：鹿岛建设）

鹿岛建设逆向拆除三栋建筑物的基本情况汇总见表 1.2-1。

鹿岛建设逆向拆除三栋建筑物的基本情况　　表 1.2-1

建筑物名称	鹿岛 1 号办公楼	鹿岛 2 号办公楼	理索纳马鲁哈大厦（Resona Maruha Building）
地点	东京港区元赤坂 1-2-7	东京港区元赤坂 1-2-7	东京千代田区大手町 1-1-2
建设年代	1968 年	1972 年	1978 年
面积	11475m²	16875m²	75413.9m²
层数	地上 17 层，地下 3 层	地上 20 层，地下 3 层	地上 24 层，地下 4 层
结构高度	主结构 57.9m，最高 65.4m	主结构 69.1m，最高 75.3m	108m
主体结构材料	钢结构	钢结构	地下和 1～2 层为钢骨混凝土结构，3 层及以上为钢结构
重量	7139t	9973t	27000t
拆除时间	2007 年 11 月—2008 年 9 月	2007 年 11 月—2008 年 9 月	2012 年 4 月—2013 年 1 月
拆除公司	鹿岛建设 Kajima Corportation	鹿岛建设 Kajima Corportation	鹿岛建设株式会社·株式会社 NIPPO
技术工程师	Ryo Mizutani、Shigerru Yoshikai	Ryo Mizutani、Shigerru Yoshikai	吉长冈伸明、吉居崇、上野一郎、藤泽武志长
转换结构	竖向荷载通过结构自身空间作用传递至周围柱；水平作用由框架传递到钢筋混凝土筒，最后由钢筋混凝土筒传递到基础	竖向荷载通过结构自身空间作用传递至周围柱；水平作用由框架传递到钢筋混凝土筒，最后由钢筋混凝土筒传递到基础	竖向荷载通过结构自身空间作用传递至周围柱；水平作用由框架传递到钢筋混凝土筒，最后由钢筋混凝土筒传递到基础

续表

千斤顶吨位	800t（1200t）	800t（1200t）	1500t（2250t）
千斤顶数量	20 台	24 台	40 台
千斤顶行程	70cm	70cm	约 82cm
切割用具	柱子采用火焰切割	柱子采用火焰切割	柱子采用火焰切割
抗侧力结构	带有楔入控制装置的钢筋混凝土筒，高 12.5m	带有楔入控制装置的钢筋混凝土筒，高 12.5m	带有楔入控制装置的钢筋混凝土筒，高约 13m
拆除一层用时	3.375m 层高，分 5 次降落，2.5d 降低一层，3.5d 拆除梁、板和墙，平均 6d 拆除一层	3.375m 层高，分 5 次降落，2.5d 降低一层，3.5d 拆除梁、板和墙，平均 6d 拆除一层	3d 拆除一层
预警系统	地震预警系统	地震预警系统	地震预警系统

1.2.2 逆向拆除法的特点

整体而言，逆向拆除法属于机械拆除方法的一种，但与传统的机械拆除方法明显不同，从建筑物底部开始拆除是其鲜明的特征。逆向拆除法的拆除过程包括“切、顶、落”三个主要步骤，不断循环，直至整栋房屋拆除，如图 1.2-3～图 1.2-5 所示。

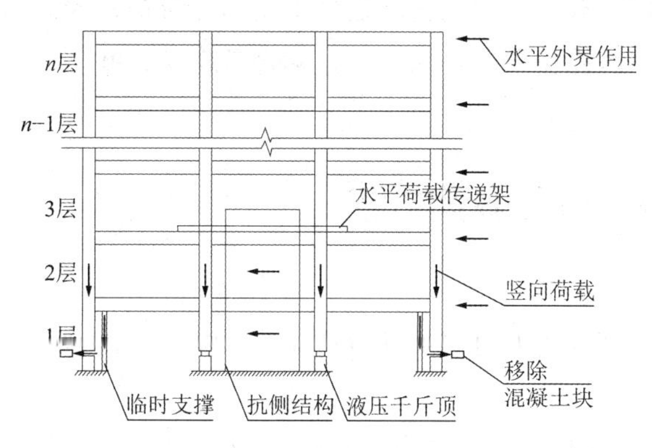

图 1.2-3 切断竖向构件

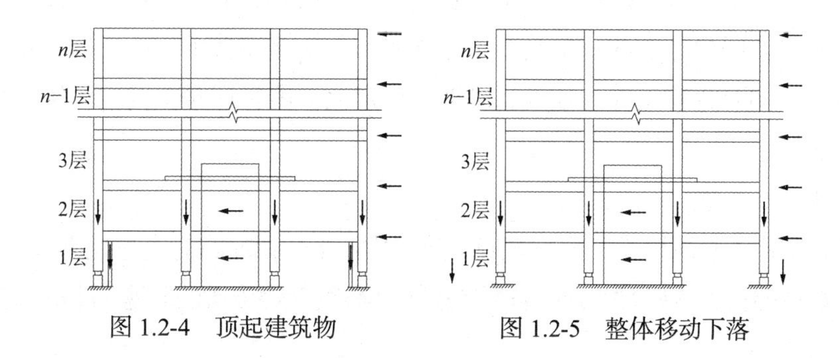

图 1.2-4 顶起建筑物　　图 1.2-5 整体移动下落

逆向拆除法适宜城市密集环境下房屋建筑的拆除，安全、绿色。与常规的拆除方法相比，逆向拆除法具有以下优点：

（1）由于在底层施工，粉尘和噪声对环境的影响小；

（2）无需设置较高的脚手架，减少垂直运输量；

（3）高空作业少，大大降低了高空坠落等危险；

（4）由于施工操作面低，破解难度降低，建筑垃圾便于运输；

（5）顶升和降落过程液压控制，施工安静；

（6）建筑物的未拆除部分可维持建筑物的基本功能，施工受天气的影响小。

逆向拆除法的主要缺点：

（1）逆向拆除时需将建筑物整体托举起来，需要多台大吨位千斤顶；

（2）多台千斤顶需同步下降，误差要求小，对控制系统要求高；

（3）设备一次性投入大，导致拆除成本比常规方法高；

（4）建筑重量在千斤顶和临时支撑之间转换，对结构计算分析要求高；

（5）拆除过程需增设抗风、抗震的抵抗水平力结构；

（6）建筑沿竖向移动，需设置移动导向装置；

（7）施工过程需布置监测设备，对拆除过程进行监测、预警；

（8）施工工期一般比常规方法要长。

总体来说，逆向拆除技术对逆向拆除过程中的动力设备、控制系统、转换技术、过程仿真分析、过程控制及监控预警等要求高，技术含量高，难度大。

1.3 逆向拆除法的基本问题

逆向拆除法的基本问题主要有以下几点：

（1）竖向荷载传递

逆向拆除首先面临的是竖向荷载转换问题，当千斤顶油缸收缩、建筑物向下移动时，建筑物的重量是由千斤顶承担的；当千斤顶收缩行程结束、油缸伸出时，需要临时支撑承担建筑物的重量，即建筑物的重量是由千斤顶和临时支撑交替承担的。高层建筑层数多、重量大，转换结构要具有足够的强度、刚度和稳定性，需要针对不同主体结构形式研究不同的转换方法。

（2）水平荷载传递

当待拆除结构的竖向构件全部被截断、建筑物被千斤顶或临时支撑托举起来之后，风、地震等水平荷载的传力路径被打断，需要考虑水平荷载有效传递的问题，即抗风、抗震问题。

（3）托举设备

由于建筑尤其是高层建筑重量大，大吨位对于托举设备来说是基本要求；同时，为了提高降落效率，长行程是托举设备的另一个要求。目前常用千斤顶的吨位一般是 200～300t，行程是 200～250mm，难以满足逆向拆除对千斤顶大吨位、长行程的要求。

（4）同步移动控制系统

采用同步顶升卸载技术实现建筑的逆向拆除，重点在于制订符合逆向拆除工况的控制策略，使得结构尚未拆除的部分在顶升和拆除过程中保持完整性和整体同步性。虽然液压同步顶升是一项成熟的建筑结构以及部件、构件安装施工技术，应用广泛，但是逆向拆除施工对系统同步性的要求更高。

（5）风险监测和预警

逆向拆除过程中建筑物是被整体托举起来的，并且随着拆除的进程不断向下移动，施工工期长达几个月。在拆除施工过程中，可能出现竖向移动不同步、千斤顶出现故障、转换构件损伤、外界作用发生改变、结构整体倾斜、尚未拆除的部分发生损坏等风险，当这些风险发生时，能及时进行预警和管控。

1.4 逆向拆除法的应用前景

逆向拆除法直接应用于拆除工程，适用于以下建筑：

（1）从场地环境来说，逆向拆除法适用于城市密集区的建筑，对噪声、粉尘控制要求高的建筑，常规方法受到限制使用的建筑。

（2）从建筑高度来说，逆向拆除法适用于高层建筑以及多层、低层建筑，主要限制因素是设备的举升能力。

（3）从主体结构材料来说，逆向拆除法适用于钢结构建筑和钢筋混凝土结构建筑，对于砌体结构、木结构缺乏优势。

（4）从结构体系来说，逆向拆除法适用于框架结构、框架-支撑结构、框架-剪力墙结构、框架-核心筒结构、剪力墙结构。

（5）逆向拆除法要求待拆除房屋结构基本完整，待拆除结构能够承载自身的重量，对于已经发生局部坍塌、结构整体性受到影响的房屋基本不适用。

除了直接应用于拆除工程，在一些特殊的城市更新、建筑改造工程中，逆向拆除技术也有一定的应用前景：

（1）局部拆除。采用逆向拆除法拆除建筑的局部，对保留的建筑影响小，拆除施工时基本不影响房屋保留部分的正常使用。

（2）部分楼层拆除。当建筑楼层需要改造拆除以形成动线或局部大空间时，逆向拆除技术可以提供施工解决方案。

（3）更换结构构件。在建筑改造过程中，个别构件由于损伤老化或功能改变需要更换时，逆向拆除技术可以发挥精准拆除的作用。

（4）改变既有建筑的层高。当既有建筑需要增大层高以提升功能品质时，逆向拆除技术可以实现既有房屋建筑的层高改变。

（5）建筑纠偏。当建筑由于地基变形发生整体倾斜但沉降稳定不再发展时，可以采用逆向拆除技术对建筑顶升纠偏。

（6）更换隔震建筑支座。当隔震建筑的隔震支座需要更换时，逆向拆除技术不仅可以顺利实施，并且可以适应不同隔震支座产品在高度上的改变。

参考文献

[1] Makoto K, Yozo S, Takenobu K, et al. A New Demolition System for High-Rise Buildings[C]//Proceedings of CTBUH 9th World Congress. Shanghai, 2012: 631-636.

[2] Yusuke N, Yozo S, Hideki I, et al. Development of A New Clean Demolition System for Tall Buildings[C]//Proceedings of CTBUH 2015 New York Conference. New York, 2015: 392-398.

[3] Mizutani R, Yoshikai S. A New Demolition Method for Tall Buildings. Kajima Cut & Take Down Method[J]. CTBUH Journal, 2011(4): 36-41.

[4] 时继瑞, 马宏睿, 李义龙, 等. 建筑结构逆向拆除仿真分析研究报告[R]. 北京: 建研科技股份有限公司, 2021.

[5] 时继瑞. 钢筋混凝土框架结构逆向拆除技术的研究[D]. 北京: 北京交通大学, 2020.

[6] 储德文, 李义龙, 马宏睿, 等. 建筑物的逆向拆除方法探讨[J]. 建筑科学, 2021, 37(7): 126-130.

第 2 章

设计参数与荷载

逆向拆除需要对待拆除结构、托举设备、转换结构、抗侧力结构的受力进行计算分析，与永久建筑不同，待拆除结构实际上处于施工工作状态，现行标准规范对设计参数和荷载取值有些还不明确，本章就逆向拆除有关的设计参数、荷载取值展开讨论，供工程技术人员参考。

2.1 设计参数

2.1.1 结构设计工作年限和施工工期

结构的设计工作年限是结构设计的重要参数，与设计使用年限含义相同，只是称谓不同。实际上，建筑物即将被拆除，没有传统意义上的设计使用年限也就是设计工作年限问题，本质上是拆除施工工期或施工周期问题。由于逆向拆除方法的特点，拆除施工过程中建筑物在外界荷载作用下要维持一定的工作性能，需对拆除全过程进行分析计算，离不开设计工作年限这个时间参数，并且会影响风、地震等基于重现期的取值，所以这里仍使用设计工作年限的概念。

对于建筑结构的设计使用年限，《建筑结构可靠性设计统一标准》GB 50068—2018 第 3.3.3 条做了如表 2.1-1 所示的规定。

建筑结构的设计使用年限 表 2.1-1

类别	设计使用年限（年）
临时性建筑结构	5
易于替换的结构构件	25
普通房屋和构筑物	50
标志性建筑和特别重要的建筑结构	100

对于房屋建筑的结构设计工作年限，《工程结构通用规范》GB 55001—2021 第 2.2.2 条做了如表 2.1-2 所示的规定。

房屋建筑的结构设计工作年限 表 2.1-2

类别	设计使用年限（年）
临时性建筑结构	5
普通房屋和构筑物	50
特别重要的建筑结构	100

整体上看，待拆除建筑与临时建筑比较接近。从工程实践看，鹿岛总部两座办公楼的拆除工期为 10 个月，理索纳马鲁哈大厦（Resona Maruha Building）的拆除工期为 11 个月，

均不超过 1 年。在进行拆除分析时，施工工期可假定为 5 年，设计基准期和结构设计工作年限相应也取为 5 年，即：结构设计工作年限 = 设计基准期 = 施工工期 = 5 年。

2.1.2 安全等级

对于建筑结构的安全等级，《建筑结构可靠性设计统一标准》GB 50068—2018 第 3.2.1 条规定见表 2.1-3。

建筑结构的安全等级 **表 2.1-3**

安全等级	破坏后果
一级	很严重：对人的生命、经济、社会或环境影响很大
二级	严重：对人的生命、经济、社会或环境影响较大
三级	不严重：对人的生命、经济、社会或环境影响较小

《建筑结构可靠性设计统一标准》GB 50068—2018 第 3.2.2 条规定：建筑结构中各类结构构件的安全等级，宜与结构的安全等级相同，对其中部分结构构件的安全等级可进行调整，但不得低于三级。

对于结构安全等级的划分，《工程结构通用规范》GB 55001—2021 第 2.2.1 条规定见表 2.1-4。

安全等级的划分 **表 2.1-4**

安全等级	破坏后果	安全等级	破坏后果	安全等级	破坏后果
一级	很严重	二级	严重	三级	不严重

该条规定，结构及其部件的安全等级不得低于三级。

根据建筑物破坏的后果评价，待拆除结构的安全等级取为三级较合理，对于临时支撑、抗侧力结构等施工结构可取为二级。

2.1.3 结构重要性系数

对于结构重要性系数γ_0，《建筑结构可靠性设计统一标准》GB 50068—2018 第 8.2.8 条规定见表 2.1-5。

结构重要性系数 **表 2.1-5**

结构重要性系数	对持久设计状况和短暂设计状况			对偶然设计状况和地震设计状况
	安全等级			
	一级	二级	三级	
γ_0	1.1	1.0	0.9	1.0

《工程结构通用规范》GB 55001—2021 第 3.1.12 条的规定与《建筑结构可靠性设计统一标准》GB 50068—2018 第 8.2.8 条的规定一致，同表 2.1-5。

《混凝土结构工程施工规范》GB 50666—2011 第 4.3.5 条规定：对重要的模板及支架宜取$\gamma_0 \geqslant 1.0$，对一般的模板及支架应取$\gamma_0 \geqslant 0.9$。

《钢结构工程施工规范》GB 50755—2012 第 4.2.3 条规定：施工阶段分析结构重要性系数不应小于 0.9，对于重要的临时支承结构其重要性系数不应小于 1.0。

综上，逆向拆除分析计算时，待拆除结构的结构重要性系数可取 0.9，对于临时支撑、抗侧力结构等施工结构可取为 1.0。

2.2　荷载

2.2.1　恒荷载

逆向拆除计算分析时，恒荷载主要是结构主体自重、外围护墙、内隔墙以及楼屋面装修荷载，按现行标准规范取值即可。

2.2.2　活荷载

逆向拆除计算分析时一般可不考虑楼面和屋面活荷载。特殊情况需要考虑少量施工活荷载时，可不考虑《工程结构通用规范》GB 55001—2021 第 3.1.16 条规定的设计工作年限调整系数γ_L（表 2.2-1），即取$\gamma_L = 1.0$。

楼面和屋面活荷载调整系数　　表 2.2-1

结构设计工作年限（年）	5
活荷载调整系数γ_L	0.9

2.2.3　雪荷载

《建筑结构荷载规范》GB 50009—2012 第 3.2.5 条第 2 款规定：对雪荷载和风荷载，应取重现期为设计使用年限，或按有关规范的规定执行。对于逆向拆除，雪荷载重现期可取为 5 年。

逆向拆除的屋面基本雪压s_0可根据《建筑结构荷载规范》GB 50009—2012 取值，因附录列表未给出重现期为 5 年的基本雪压值，可按规范附录公式由重现期 10 年和 100 年的基本雪压进行换算得到：

$$\begin{aligned} s_5 &= s_{10} + (s_{100} - s_{10})(\ln R / \ln 10 - 1) \\ &= s_{10} + (s_{100} - s_{10})(\ln 5 / \ln 10 - 1) \\ &= 1.301 s_{10} - 0.301 s_{100} \end{aligned} \tag{2.2-1}$$

式中：　　R——雪荷载重现期，取为 5 年；

s_5、s_{10}、s_{100}——重现期 5 年、10 年、100 年的基本雪压值。

2.2.4 风荷载

《建筑结构荷载规范》GB 50009—2012 第 3.2.5 条第 2 款规定：对雪荷载和风荷载，应取重现期为设计使用年限，或按有关规范的规定执行。对于逆向拆除，风荷载重现期可取为 5 年。

逆向拆除的基本风压w_0可根据《建筑结构荷载规范》GB 50009—2012 取值，因附录列表未给出重现期为 5 年的基本风压值，可按规范附录公式由重现期 10 年和 100 年的基本风压进行换算得到：

$$\begin{aligned} w_5 &= w_{10} + (w_{100} - w_{10})(\ln R / \ln 10 - 1) \\ &= w_{10} + (w_{100} - w_{10})(\ln 5 / \ln 10 - 1) \\ &= 1.301 w_{10} - 0.301 w_{100} \end{aligned} \tag{2.2-2}$$

式中：　　R——风荷载重现期，取为 5 年；

w_5、w_{10}、w_{100}——重现期 5 年、10 年、100 年的基本风压值。

需要注意的是，《钢结构工程施工规范》GB 50755—2012 第 4.1.3 条第 3 款规定：风荷载根据工程所在地和实际施工情况，可按不小于 10 年一遇风压取值，风荷载的计算应按现行国家标准《建筑结构荷载规范》GB 50009—2012 执行；当施工期间可能出现大于上述风压值时，应考虑应急预案。

2.2.5 地震作用

《建筑工程抗震设防分类标准》GB 50223—2008 第 2.0.2～2.0.3 条的条文说明：当设计使用年限少于设计基准期，抗震设防要求可相应降低。临时性建筑通常可不设防。

由于逆向拆除的特点，不能把待拆除结构简单等同为临时性建筑，逆向拆除必须考虑地震作用，建议按施工工期即 5 年重现期进行计算分析。

《建筑抗震设计规范》GB 50011—2010 和《建筑与市政工程抗震通用规范》GB 55002—2021 未给出不同重现期的地震作用参数如何确定，下面介绍一种通过地震烈度分布函数推算不同重现期地震作用参数的方法。

假设 50 年设防地震烈度I的概率分布符合极值Ⅲ型分布，即

$$F_T(I) = \exp\left[-\left(\frac{\omega - I}{\omega - \varepsilon}\right)^k\right] \tag{2.2-3}$$

式中：ω——地震烈度的上限值，取$\omega = 12$度；

ε——对应于设防地震烈度的众值烈度，比设防地震烈度低 1.55 度；

k——形状参数，与设防地震烈度有关；

T——定义设防地震烈度的时间，取$T = 50$年。

第一步：求解众值烈度ε

设防地震烈度与地面运动加速度之间的关系为：

$$A = 0.1 \times 2^{I-7} \tag{2.2-4}$$

上式中，加速度A的单位为重力加速度g。

由式(2.2-4)可得：

$$I = \frac{1 + \lg A}{\lg 2} + 7 \tag{2.2-5}$$

将 7 度（0.15g）、8 度（0.3g）分别代入上式，可得对应的设防地震烈度分别为 7.585 和 8.585。

将设防地震烈度 7 度（0.15g）、8 度（0.3g）分别记为 7.585、8.585，对应的众值烈度也同样低 1.55 度，则式(2.2-3)中众值烈度ε的取值如表 2.2-2 所示。

众值烈度ε **表 2.2-2**

设防地震烈度	6 度	7 度	7 度（0.15g）	8 度	8 度（0.3g）	9 度
设防地震烈度I值	6	7	7.585	8	8.585	9
众值烈度ε	4.45	5.45	6.035	6.45	7.035	7.45

第二步：求解形状参数k

对式(2.2-3)两边求对数：

$$-\left(\frac{\omega - I}{\omega - \varepsilon}\right)^k = \ln F_T(I) \tag{2.2-6}$$

$$k = \frac{\ln[-\ln F_T(I)]}{\ln\left(\frac{\omega - I}{\omega - \varepsilon}\right)} \tag{2.2-7}$$

根据设防地震烈度的定义：50 年超越概率 10%的地震，取$F_T(I) = F_{50}(I) = 0.9$。

分别代入对应的I、ε和$\omega = 12$即可求得不同地震烈度设防区对应的形状参数k值，如表 2.2-3 所示。

形状参数k **表 2.2-3**

设防地震烈度	6 度	7 度	7 度（0.15g）	8 度	8 度（0.3g）	9 度
设防地震烈度I值	6	7	7.585	8	8.585	9
形状参数k	9.7932	8.3339	7.4788	6.8713	6.0132	5.4028

有了地震烈度概率分布函数，即可得到地震烈度的概率密度函数：

$$\begin{aligned} f_T(I) &= F_T'(I) \\ &= \frac{\mathrm{d}\left\{\exp\left[-\left(\frac{\omega - I}{\omega - \varepsilon}\right)^k\right]\right\}}{\mathrm{d}I} \\ &= \frac{k}{\omega - \varepsilon} \cdot \left(\frac{\omega - I}{\omega - \varepsilon}\right)^{k-1} \cdot \exp\left[-\left(\frac{\omega - I}{\omega - \varepsilon}\right)^k\right] \end{aligned} \tag{2.2-8}$$

以 8 度抗震设防区为例，将$k = 6.8713$，$\varepsilon = 6.45$，$\omega = 12$分别代入式(2.2-3)和式(2.2-8)，即可得到$T = 50$年 8 度抗震设防区的地震烈度分布图（图 2.2-1）和概率密度图（图 2.2-2）。

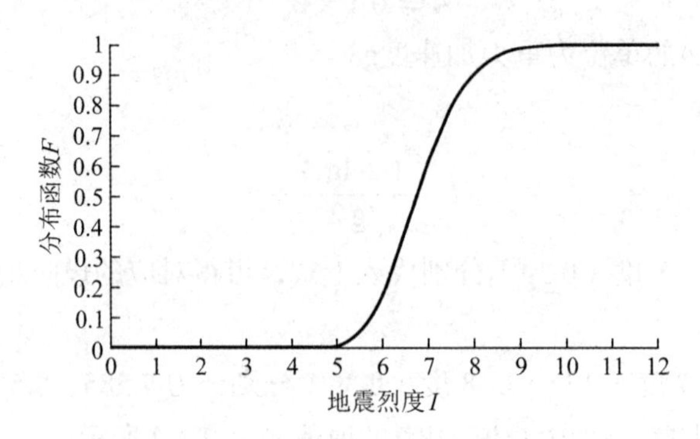

图 2.2-1　地震烈度分布图（8 度区）

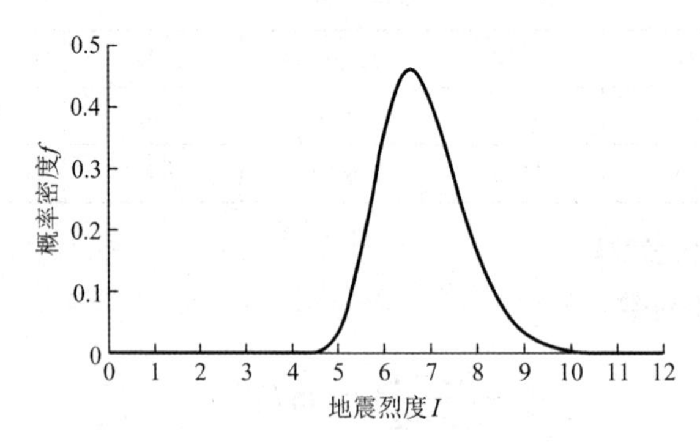

图 2.2-2　地震烈度概率密度图（8 度区）

第三步：求解不同重现期对应的地震烈度分布函数

记$F_1(i)$为重现期为 1 年的地震烈度分布函数，则重现期$T = 50$和t年的地震烈度分布函数为：

$$F_T(i) = [F_1(i)]^T \tag{2.2-9}$$

$$F_t(i) = [F_1(i)]^t \tag{2.2-10}$$

将式(2.2-3)代入可得：

$$F_1(i) = \exp\left[-\frac{1}{T}\left(\frac{\omega - i}{\omega - \varepsilon}\right)^k\right] \tag{2.2-11}$$

$$F_t(i) = \exp\left[-\frac{t}{T}\left(\frac{\omega - i}{\omega - \varepsilon}\right)^k\right] \tag{2.2-12}$$

第四步：求解不同重现期对应的当量设防烈度

当量设防烈度是指重现期t年超越概率 10%对应的地震设防烈度，区别于 50 年的基本设防烈度，即

$$F_t(i) = 1 - 0.1 = 0.9 \tag{2.2-13}$$

从而有

$$\exp\left[-\frac{t}{T}\left(\frac{\omega-i}{\omega-\varepsilon}\right)^k\right]=0.9$$

$$-\frac{t}{T}\left(\frac{\omega-i}{\omega-\varepsilon}\right)^k=\ln 0.9$$

可解得

$$i=\varepsilon-(\omega-\varepsilon)\cdot\sqrt[k]{-\frac{T}{t}\ln 0.9} \tag{2.2-14}$$

根据上式可得到不同抗震设防区不同地震重现期的抗震设防烈度，如表 2.2-4 所示。

不同重现期的结构当量抗震设防烈度（设防地震）　　表 2.2-4

重现期（年）	设防烈度					
	6 度	7 度	7 度（0.15g）	8 度	8 度（0.30g）	9 度
1	3.05	4	4.55	4.93	5.45	5.81
2	3.67	4.64	5.21	5.61	6.17	6.56
3	4	4.99	5.57	5.98	6.55	6.95
4	4.23	5.23	5.81	6.22	6.8	7.21
5	4.41	5.41	5.99	6.41	6.99	7.41
10	4.93	5.93	6.52	6.94	7.54	7.96
20	5.41	6.42	7.01	7.43	8.02	8.45
50	6	7	7.585	8	8.585	9
100	6.41	7.4	7.98	8.38	8.96	9.36

式(2.2-14)同样适用于多遇地震和罕遇地震，只需将式中的发生概率 0.9 分别换成 0.368 和 0.98，即 50 年超越概率分别为 63.2%和 2%，由此得到不同重现期多遇地震和罕遇地震的结构抗震设防烈度，如表 2.2-5 和表 2.2-6 所示。

不同重现期的结构当量抗震设防烈度（多遇地震）　　表 2.2-5

重现期（年）	设防烈度					
	6 度	7 度	7 度（0.15g）	8 度	8 度（0.30g）	9 度
1	0.74	1.53	1.94	2.19	2.48	2.61
2	1.51	2.36	2.83	3.13	3.52	3.74
3	1.94	2.82	3.31	3.64	4.07	4.34
4	2.23	3.13	3.64	3.98	4.44	4.74
5	2.45	3.37	3.88	4.24	4.72	5.03
10	3.10	4.05	4.60	4.99	5.51	5.87

续表

重现期（年）	设防烈度					
	6度	7度	7度（0.15g）	8度	8度（0.30g）	9度
20	3.71	4.69	5.26	5.66	6.22	6.61
50	4.45	5.45	6.04	6.45	7.04	7.45
100	4.97	5.97	6.56	6.98	7.58	8.00

不同重现期的结构当量抗震设防烈度（罕遇地震） 表 2.2-6

重现期（年）	设防烈度					
	6度	7度	7度（0.15g）	8度	8度（0.30g）	9度
1	4.44	5.44	6.03	6.44	7.03	7.44
2	4.96	5.97	6.56	6.98	7.57	7.99
3	5.24	6.25	6.84	7.26	7.86	8.28
4	5.44	6.45	7.04	7.46	8.05	8.47
5	5.59	6.59	7.18	7.60	8.19	8.62
10	6.03	7.03	7.61	8.02	8.61	9.02
20	6.43	7.42	8.00	8.41	8.98	9.38
50	6.93	7.90	8.46	8.85	9.41	9.79
100	7.28	8.23	8.77	9.16	9.69	10.06

第五步：求解不同重现期对应的地震作用参数

有了不同重现期的抗震设防烈度，有两种方法可以得到地震地面运动加速度A和地震反应谱最大系数α_{max}。

方法一：理论计算

将不同重现期对应的抗震设防烈度代入式(2.2-4)，即可得地面运动加速度，如表 2.2-7～表 2.2-9 所示。

不同重现期的地面运动加速度（设防地震） 表 2.2-7

重现期（年）	地面运动加速度（g）					
	6度	7度	7度（0.15g）	8度	8度（0.3g）	9度
1	0.006	0.013	0.018	0.024	0.034	0.044
2	0.010	0.020	0.029	0.038	0.056	0.074
3	0.013	0.025	0.037	0.049	0.073	0.097
4	0.015	0.029	0.044	0.058	0.087	0.116
5	0.017	0.033	0.050	0.066	0.099	0.132

续表

重现期（年）	地面运动加速度（g）					
	6度	7度	7度（0.15g）	8度	8度（0.3g）	9度
10	0.024	0.048	0.072	0.096	0.145	0.194
20	0.033	0.067	0.101	0.135	0.203	0.272
50	0.05	0.10	0.15	0.20	0.30	0.40
100	0.066	0.132	0.197	0.261	0.388	0.514

不同重现期的地面运动加速度（多遇地震） 表 2.2-8

重现期（年）	地面运动加速度（g）					
	6度	7度	7度（0.15g）	8度	8度（0.3g）	9度
1	0.001	0.002	0.003	0.004	0.004	0.005
2	0.002	0.004	0.006	0.007	0.009	0.010
3	0.003	0.006	0.008	0.010	0.013	0.016
4	0.004	0.007	0.010	0.012	0.017	0.021
5	0.004	0.008	0.012	0.015	0.021	0.026
10	0.007	0.013	0.019	0.025	0.036	0.046
20	0.010	0.020	0.030	0.039	0.058	0.076
50	0.017	0.034	0.051	0.068	0.102	0.137
100	0.024	0.049	0.074	0.099	0.149	0.200

不同重现期的地面运动加速度（罕遇地震） 表 2.2-9

重现期（年）	地面运动加速度（g）					
	6度	7度	7度（0.15g）	8度	8度（0.3g）	9度
1	0.017	0.034	0.051	0.068	0.102	0.136
2	0.024	0.049	0.073	0.098	0.148	0.199
3	0.030	0.060	0.090	0.120	0.181	0.243
4	0.034	0.068	0.103	0.137	0.207	0.278
5	0.038	0.075	0.114	0.152	0.229	0.306
10	0.051	0.102	0.153	0.203	0.305	0.407
20	0.068	0.134	0.200	0.265	0.394	0.521
50	0.095	0.186	0.275	0.362	0.530	0.692
100	0.121	0.234	0.342	0.446	0.644	0.832

有了不同重现期的地面运动加速度，地震反应谱的水平地震影响系数最大值α_{max}可由下式得到：

$$\alpha_{max} = \beta \cdot A \tag{2.2-15}$$

式中：β——动力放大系数，《中国地震动参数区划图》GB 18306—2015 取为 2.5，这里按《建筑抗震设计规范》GB 50011—2010（2016 年版）取为 2.25。

通过式(2.2-15)可得反应谱地震作用影响系数最大值α_{max}如表 2.2-10～表 2.2-12 所示。

不同重现期的地震作用影响系数最大值（设防地震）　　表 2.2-10

重现期（年）	地震作用影响系数最大值（设防地震）					
	6 度	7 度	7 度（0.15g）	8 度	8 度（0.3g）	9 度
1	0.01	0.03	0.04	0.05	0.08	0.10
2	0.02	0.04	0.07	0.09	0.13	0.17
3	0.03	0.06	0.08	0.11	0.16	0.22
4	0.03	0.07	0.10	0.13	0.20	0.26
5	0.04	0.07	0.11	0.15	0.22	0.30
10	0.05	0.11	0.16	0.22	0.33	0.44
20	0.07	0.15	0.23	0.30	0.46	0.61
50	0.11	0.23	0.34	0.45	0.68	0.90
100	0.15	0.30	0.44	0.59	0.87	1.16

不同重现期的地震作用影响系数最大值（多遇地震）　　表 2.2-11

重现期（年）	地震作用影响系数最大值（多遇地震）					
	6 度	7 度	7 度（0.15g）	8 度	8 度（0.3g）	9 度
1	0.003	0.006	0.007	0.009	0.011	0.012
2	0.005	0.009	0.012	0.015	0.020	0.024
3	0.007	0.012	0.017	0.022	0.030	0.036
4	0.008	0.015	0.022	0.028	0.038	0.047
5	0.010	0.018	0.026	0.033	0.046	0.058
10	0.015	0.029	0.043	0.056	0.080	0.103
20	0.023	0.045	0.067	0.089	0.131	0.172
50	0.04	0.08	0.12	0.15	0.23	0.31
100	0.055	0.110	0.166	0.222	0.335	0.449

不同重现期的地震作用影响系数最大值（罕遇地震）　　表 2.2-12

重现期（年）	地震作用影响系数最大值（罕遇地震）					
	6度	7度	7度（0.15g）	8度	8度（0.3g）	9度
1	0.04	0.08	0.11	0.15	0.23	0.31
2	0.05	0.11	0.17	0.22	0.33	0.45
3	0.07	0.13	0.20	0.27	0.41	0.55
4	0.08	0.15	0.23	0.31	0.47	0.62
5	0.08	0.17	0.26	0.34	0.51	0.69
10	0.11	0.23	0.34	0.46	0.69	0.91
20	0.15	0.30	0.45	0.60	0.89	1.17
50	0.21	0.42	0.62	0.81	1.19	1.56
100	0.27	0.53	0.77	1.00	1.45	1.87

方法二：插值法

式(2.2-4)为设防地震烈度与地面运动加速度之间的关系，可改写为

$$A_t = 0.1 \times 2^{I_t - 7} \tag{2.2-16}$$

$$A_T = 0.1 \times 2^{I_T - 7} \tag{2.2-17}$$

可得

$$A_t = \frac{2^{I_t - 7}}{2^{I_T - 7}} \cdot A_T \tag{2.2-18}$$

式中：T——50年。

《建筑抗震设计规范》GB 50011—2010（2016年版）给出的50年重现期地面运动加速度峰值如表2.2-13所示。

地面运动加速度峰值（g）　　表 2.2-13

设防烈度	6度	7度	7度（0.15g）	8度	8度（0.3g）	9度
多遇地震	0.018	0.035	0.055	0.070	0.110	0.140
设防地震	0.05	0.10	0.15	0.20	0.30	0.40
罕遇地震	0.13	0.22	0.31	0.40	0.51	0.62

根据式(2.2-18)可得不同重现期的地面运动加速度峰值如表2.2-14～表2.2-16所示。

不同重现期的地面运动加速度峰值（设防地震）　　表 2.2-14

重现期（年）	地面运动加速度峰值（g）					
	6度	7度	7度（0.15g）	8度	8度（0.3g）	9度
1	0.006	0.013	0.018	0.024	0.034	0.044
2	0.010	0.020	0.029	0.038	0.056	0.074

续表

重现期（年）	地面运动加速度峰值（g）					
	6度	7度	7度（0.15g）	8度	8度（0.3g）	9度
3	0.013	0.025	0.037	0.049	0.073	0.097
4	0.015	0.029	0.044	0.058	0.087	0.116
5	0.017	0.033	0.050	0.066	0.099	0.132
10	0.024	0.048	0.072	0.096	0.145	0.194
20	0.033	0.067	0.101	0.135	0.203	0.272
50	0.05	0.10	0.15	0.20	0.30	0.40
100	0.066	0.132	0.197	0.261	0.388	0.514

不同重现期的地面运动加速度峰值（多遇地震） **表 2.2-15**

重现期（年）	地面运动加速度峰值（g）					
	6度	7度	7度（0.15g）	8度	8度（0.3g）	9度
1	0.001	0.002	0.003	0.004	0.005	0.005
2	0.002	0.004	0.006	0.007	0.010	0.011
3	0.003	0.006	0.008	0.010	0.014	0.016
4	0.004	0.007	0.010	0.013	0.018	0.021
5	0.004	0.008	0.012	0.015	0.022	0.026
10	0.007	0.013	0.020	0.025	0.038	0.047
20	0.011	0.021	0.032	0.040	0.062	0.078
50	0.018	0.035	0.055	0.070	0.110	0.140
100	0.026	0.050	0.079	0.101	0.160	0.205

不同重现期的地面运动加速度峰值（罕遇地震） **表 2.2-16**

重现期（年）	地面运动加速度峰值（g）					
	6度	7度	7度（0.15g）	8度	8度（0.3g）	9度
1	0.022	0.040	0.057	0.075	0.098	0.122
2	0.032	0.058	0.083	0.109	0.143	0.178
3	0.039	0.070	0.101	0.133	0.174	0.218
4	0.044	0.080	0.116	0.152	0.199	0.249
5	0.049	0.089	0.128	0.168	0.220	0.275
10	0.067	0.120	0.172	0.225	0.294	0.364
20	0.089	0.158	0.225	0.293	0.379	0.467

续表

重现期（年）	地面运动加速度峰值（g）					
	6度	7度	7度（0.15g）	8度	8度（0.3g）	9度
50	0.13	0.22	0.31	0.40	0.51	0.62
100	0.159	0.276	0.385	0.493	0.620	0.746

同理，式(2.2-15)可以改写为：

$$\alpha_{\max}^{t} = \beta \cdot A_t \tag{2.2-19}$$

$$\alpha_{\max}^{T} = \beta \cdot A_T \tag{2.2-20}$$

可得

$$\alpha_{\max}^{t} = \frac{A_t}{A_T} \cdot \alpha_{\max}^{T}$$

$$\alpha_{\max}^{t} = \frac{2^{I_t-7}}{2^{I_T-7}} \cdot \alpha_{\max}^{T} \tag{2.2-21}$$

根据式(2.2-21)得到不同重现期的地面运动加速度峰值如表2.2-17～表2.2-19所示。

插值法可以使 50 年重现期的地面运动加速度峰值和地震作用影响系数最大值与规范值保持一致。

不同重现期的地震作用影响系数最大值（设防地震） 表2.2-17

重现期（年）	地震作用影响系数最大值					
	6度	7度	7度（0.15g）	8度	8度（0.3g）	9度
1	0.02	0.03	0.04	0.05	0.08	0.10
2	0.02	0.04	0.07	0.09	0.13	0.17
3	0.03	0.06	0.08	0.11	0.17	0.22
4	0.04	0.07	0.10	0.13	0.20	0.26
5	0.04	0.08	0.11	0.15	0.23	0.30
10	0.06	0.11	0.16	0.22	0.33	0.44
20	0.08	0.15	0.23	0.30	0.46	0.61
50	0.12	0.23	0.34	0.45	0.68	0.90
100	0.16	0.30	0.45	0.59	0.88	1.16

不同重现期的地震作用影响系数最大值（多遇地震） 表2.2-18

重现期（年）	地震作用影响系数最大值					
	6度	7度	7度（0.15g）	8度	8度（0.3g）	9度
1	0.003	0.005	0.007	0.008	0.010	0.011
2	0.005	0.009	0.013	0.016	0.021	0.025

续表

重现期（年）	地震作用影响系数最大值					
	6 度	7 度	7 度（0.15g）	8 度	8 度（0.3g）	9 度
3	0.007	0.013	0.018	0.023	0.031	0.037
4	0.009	0.016	0.023	0.029	0.040	0.049
5	0.010	0.019	0.027	0.035	0.048	0.060
10	0.016	0.030	0.044	0.058	0.083	0.107
20	0.024	0.047	0.070	0.092	0.136	0.179
50	0.04	0.08	0.12	0.16	0.24	0.32
100	0.057	0.115	0.173	0.231	0.349	0.468

不同重现期的地震作用影响系数最大值（罕遇地震） 表 2.2-19

重现期（年）	地震作用影响系数最大值					
	6 度	7 度	7 度（0.15g）	8 度	8 度（0.3g）	9 度
1	0.05	0.09	0.13	0.17	0.23	0.27
2	0.07	0.13	0.19	0.24	0.34	0.40
3	0.09	0.16	0.23	0.30	0.41	0.49
4	0.10	0.18	0.27	0.34	0.47	0.56
5	0.11	0.20	0.30	0.38	0.52	0.62
10	0.15	0.27	0.40	0.51	0.69	0.82
20	0.20	0.36	0.52	0.66	0.89	1.05
50	0.28	0.50	0.72	0.90	1.20	1.40
100	0.36	0.63	0.89	1.11	1.46	1.68

2.2.6 支座位移

在逆向拆除中，千斤顶实际上是结构柱的支座，竖向位移不同步会导致结构柱底部出现竖向位移差，会引起结构产生类似于支座沉陷的附加应力。在计算分析时，竖向位移可采用支座位移来模拟，千斤顶的伸缩可视为拟静力过程，忽略其动力效应。

参考文献

[1] 时继瑞, 马宏睿, 李义龙, 等. 建筑结构逆向拆除仿真分析研究报告[R]. 北京：建研科技股份有限公司, 2021.

[2] 时继瑞. 钢筋混凝土框架结构逆向拆除技术的研究[D]. 北京: 北京交通大学, 2020.

[3] 中华人民共和国住房和城乡建设部. 建筑结构可靠性设计统一标准: GB 50068—2018[S]. 北京: 中国建筑工业出版社, 2019.

[4] 中华人民共和国住房和城乡建设部. 工程结构通用规范: GB 55001—2021[S]. 北京: 中国建筑工业出版社, 2021.

[5] 中华人民共和国住房和城乡建设部. 混凝土结构工程施工规范: GB 50666—2012[S]. 北京: 中国建筑工业出版社, 2011.

[6] 中华人民共和国住房和城乡建设部. 钢结构工程施工规范: GB 50755—2012[S]. 北京: 中国建筑工业出版社, 2012.

[7] 中华人民共和国住房和城乡建设部. 建筑结构荷载规范: GB 50009—2012[S]. 北京: 中国建筑工业出版社, 2012.

[8] 中华人民共和国住房和城乡建设部. 建筑工程抗震设防分类标准: GB 50223—2008[S]. 北京: 中国建筑工业出版社, 2008.

[9] 中华人民共和国住房和城乡建设部. 建筑抗震设计规范: GB 50011—2010(2016 年版)[S]. 北京: 中国建筑工业出版社, 2010.

[10] 中华人民共和国住房和城乡建设部. 建筑与市政工程抗震通用规范: GB 55002—2021[S]. 北京: 中国建筑工业出版社, 2021.

[11] 毋剑平, 白雪霜, 孙建华. 不同设计使用年限下地震作用的确定方法[J]. 工程抗震, 2003(2): 36-39.

[12] 高小旺, 鲍霭斌. 地震作用的概率模型及其统计参数[J]. 地震工程与工程振动, 1985, 5(1): 13-22.

[13] 周锡元, 曾德民, 高晓安. 估计不同服役期结构的抗震设防水准的简单方法[J]. 建筑结构, 2002, 32(1): 37-40.

第3章

竖向转换与抗侧力结构

逆向拆除体系需要保证竖向荷载顺利传递，同时必须具有抵抗水平作用的能力，本章对结构的竖向转换、抗侧技术展开论述。

3.1　竖向转换

3.1.1　空腹桁架转换

空腹桁架转换是直接拆除一根或不相邻的几根结构柱，剩余部分形成空腹桁架，底部水平构件轴向受拉，顶部水平构件轴向受压，利用待拆除结构自身的空间作用，将竖向荷载转移到周围构件，如图 3.1-1 所示。其受力特点与空腹桁架类似，本质是利用了待拆除结构的空腹桁架作用，故称为空腹桁架转换。这种方法适用于待拆除结构刚度大、承载力富余量大的情况，尤其是钢结构。

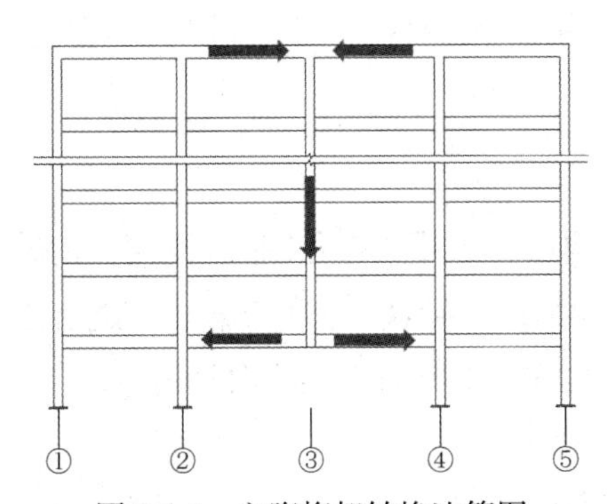

图 3.1-1　空腹桁架转换法简图

对于常规设计的结构，虽然拆除时的荷载小于原设计荷载，但直接拆除竖向构件后上部结构的承载力通常难以满足，或者结构变形过大，这时需要采取其他竖向转换方法。

3.1.2　临时支撑转换

临时支撑转换是采用轴向刚度大的临时支撑支承在结构梁下皮，利用结构梁抗弯和抗剪能力将结构柱内力转移至临时支撑，将结构柱卸载，如图 3.1-2 所示。当临时支撑的轴向刚度大，可忽略其轴向压缩变形，即为刚性支撑。临时支撑转换也可以架设多层支撑构件，利用多层梁增加竖向荷载的转换能力，如图 3.1-3 所示。

临时支撑布置的主要原则：

（1）在满足施工操作空间的前提下，临时支撑尽量靠近待拆除结构柱，减小支承梁的弯矩。

（2）在与结构柱相连的所有结构梁中选择截面大、承载力高的梁安装临时支撑。

（3）临时支撑一般成对、对称布置，以增加结构稳定性和安全余度，角柱受到限制可非对称布置。

（4）当一层梁不能承担结构柱荷载时，可采用多层梁实现转换，此时应注意临时支撑的顶紧。

（5）整体计算分析后还需要对临时支撑与混凝土梁的节点进行精细分析，验算混凝土局部受压承载力。

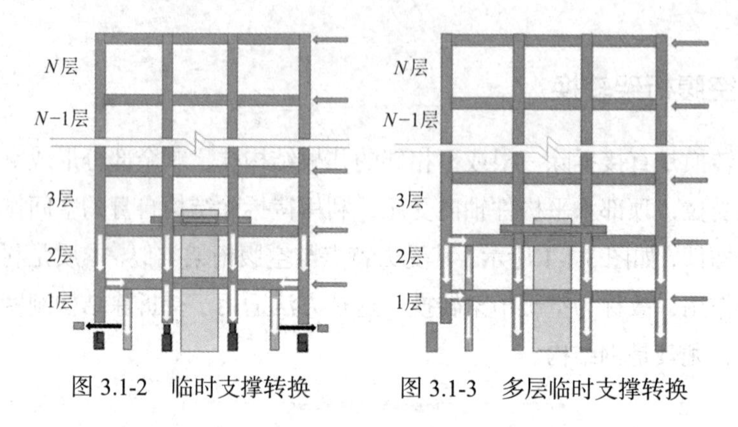

图 3.1-2　临时支撑转换　　图 3.1-3　多层临时支撑转换

3.1.3　抽芯转换

抽芯转换是在待拆除结构柱中部开贯通孔，插入刚度大的转换梁，柱轴力由转换梁和剩余柱截面交替承担，完成竖向荷载的转换。这种方法比较适合于框架柱轴压比在 0.5 以下的情况，也可解决边柱尤其是角柱梁端临时支撑不对称的问题。具体可分为以下三种形式：

（1）抽芯转换 + 临时支撑

在转换梁端架设并顶紧临时支撑，原结构柱轴力由转换梁传递至临时支撑，切断卸载后的结构柱，在柱下塞入液压千斤顶完成转换，如图 3.1-4 所示。

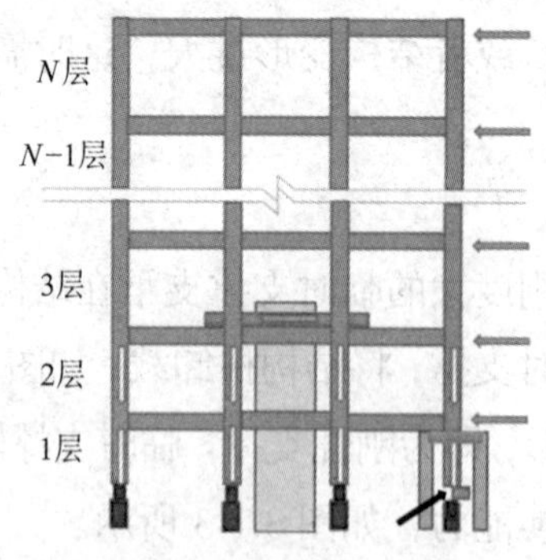

图 3.1-4　抽芯转换 + 临时支撑

（2）抽芯转换 + 短行程千斤顶

在转换梁端直接采用短行程液压千斤顶代替临时支撑，将待拆除结构柱的轴力由转换梁传递至两侧的千斤顶，切断卸载后的柱子，千斤顶活塞回缩即可降落上部结构，如图 3.1-5 所示。此种转换方式采用千斤顶代替临时支撑，操作更加方便但液压千斤顶数量增加。

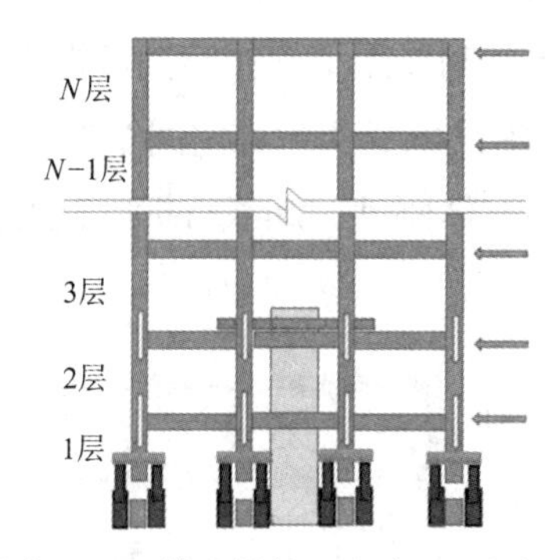

图 3.1-5　抽芯转换 + 短行程千斤顶

（3）抽芯转换 + 长行程千斤顶

抽芯转换 + 长行程千斤顶是采用长行程千斤顶取代短行程千斤顶，荷载传递路径与抽芯转换 + 短行程千斤顶相同，如图 3.1-6 所示。这种转换方式可以每次降落一层，施工速度快，但对液压千斤顶设备要求高。

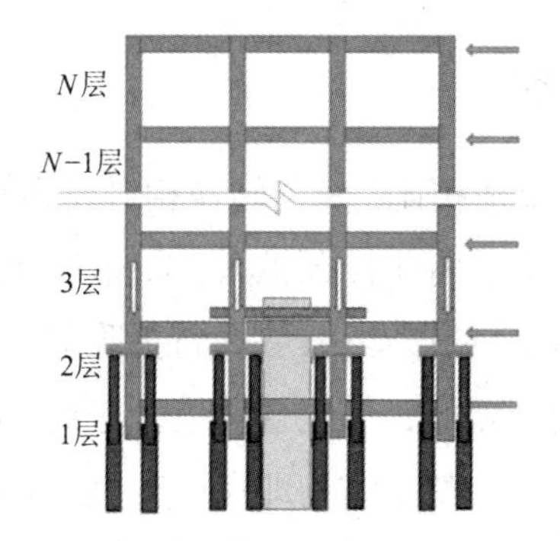

图 3.1-6　抽芯转换 + 长行程千斤顶

3.1.4　桁架转换

桁架转换是在待拆除结构的顶层或者中间某几层构建一个单层或者多层桁架，利用桁架刚度大、承载力高的优点，悬吊起待拆除结构柱，其轴力由桁架转换分配到周围结构柱，如图 3.1-7 所示。这种转换方法比较适合钢结构建筑的逆向拆除，采用单层还是多层转换桁架需要根据工程具体情况确定。

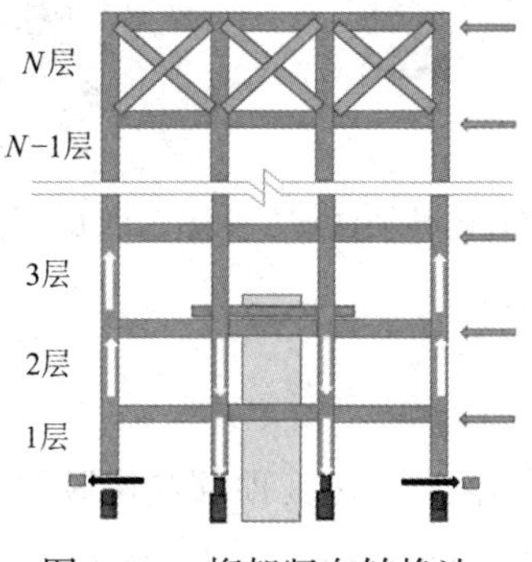

图 3.1-7　桁架竖向转换法

桁架转换利用了结构的整体空间作用，斜拉转换可视为其演变的形式之一。斜拉转换是在结构柱周围布置预应力筋，沿柱围成四角锥空间结构，如图 3.1-8 所示。这种转换方式通过张紧预应力筋增加上部结构整体刚度，卸载待拆除柱的内力，其内力通过预应力筋传递至周围构件。

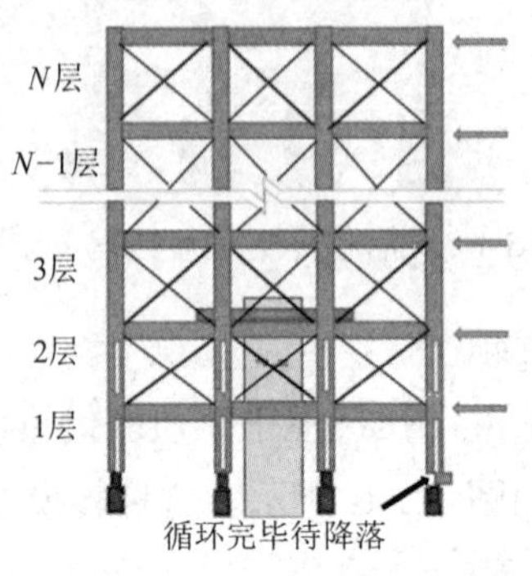

图 3.1-8　斜拉竖向转换法

3.1.5　剪力墙竖向转换

剪力墙为平面构件，跟框架柱相比，竖向转换相对要容易。剪力墙的轴压比一般在 0.5 以下，因此可切割墙肢部分截面，将千斤顶推入，待千斤顶顶紧受力将墙肢卸载、竖向荷载转换至千斤顶后，即可切除剩余墙肢截面，完成待拆除剪力墙的竖向荷载转换，如图 3.1-9 所示。为了避免剪力墙局部受压破坏，可配置梁垫，起到扩散集中力的作用。

当对所有墙肢都实施转换后，整个结构即完成转换，如图 3.1-10 所示。

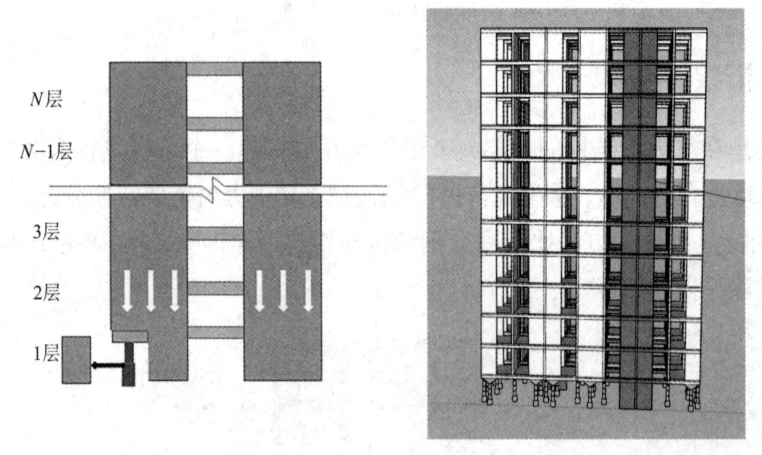

图 3.1-9　剪力墙竖向转换法　　图 3.1-10　剪力墙结构转换示意图

3.1.6　柔性支撑转换

柔性支撑是在刚性支撑的基础上，在其顶部加橡胶垫或者带有一定竖向刚度的装置，允许支撑有一定的变形，如图 3.1-11 所示。采用柔性支撑的优点在于可利用待拆除建筑的空间结构作用，降低个别临时支撑内力过大的状况，使得临时支撑的内力比较均衡。

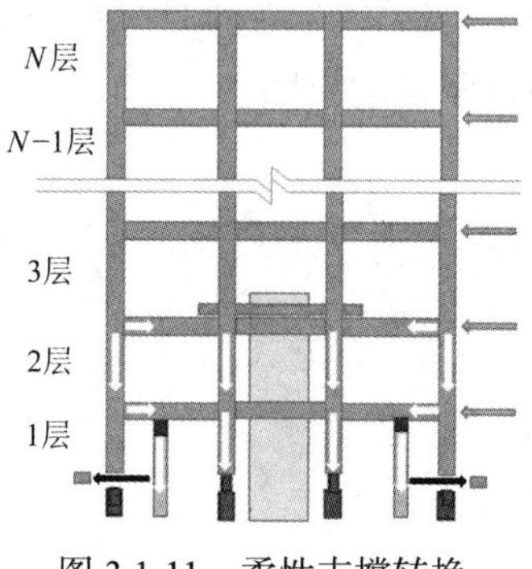

图 3.1-11　柔性支撑转换

柔性支撑的布置原则与刚性支撑的布置原则类似，困难在于如何控制变形恰到好处，计算分析和施工作业都要比刚性支撑复杂。

3.1.7　竖向转换快速分析

在逆向拆除方案设计阶段，需要对不同的转换方案进行技术和经济对比，首先要保证转换方案技术可行。如果采用手工方式，则效率比较低，可采用目前比较通行的 Python 语言编写分析程序，用 Python 程序调用 SAP2000 结构分析模型，自动完成部分计算工作以提高对比效率。

举例来说，对于空腹桁架转换方案，可编写 Python 程序得到轴力最大构件的编号，再采用 SapModel.FrameObj.Delete 命令删除此构件，自动计算分析并判断所有构件内力是否小于构件承载力，如图 3.1-12 所示。如果轴力最大构件采用空腹桁架转换可行，那么用同样方法依次拆除每根柱，自动计算分析、判断构件内力是否小于构件承载力，以确定是否所有竖向构件都可采用空腹桁架转换。

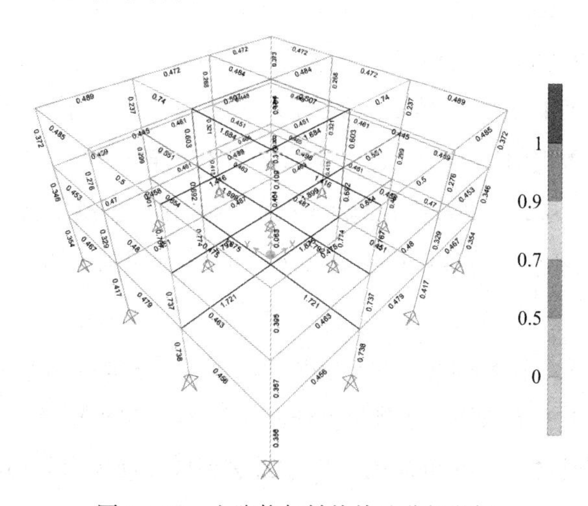

图 3.1-12　空腹桁架转换快速分析举例

对于临时支撑转换方案，可编写 Python 程序在柱两侧自动添加临时支撑，再计算分析并判断结构构件尤其是转换梁的内力是否小于构件承载力，如图 3.1-13 所示。对于临时支撑，还可以编写 AutoCAD 绘图程序自动出图。

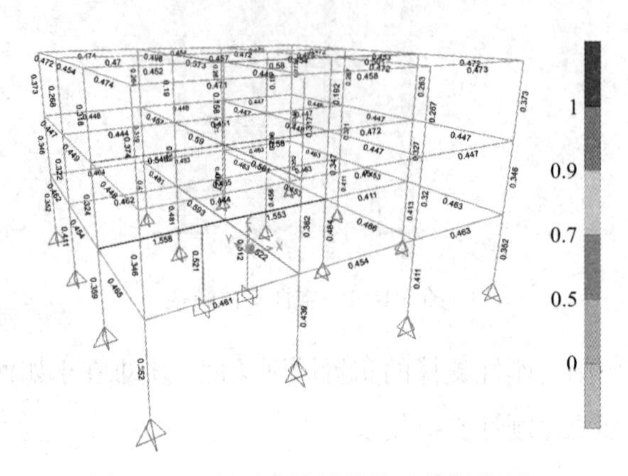

图 3.1-13　临时支撑转换快速分析举例

3.2　抗侧力结构

3.2.1　钢筋混凝土筒

逆向拆除施工过程中底层柱、墙支承在千斤顶顶面，仅靠摩擦力无法有效传递外界的风、地震等水平作用，并且这种传递方式也不可靠，需要另外设置抵抗水平作用的结构。

鹿岛建设拆除 1 号、2 号办公楼和理索纳马鲁哈大厦（Resona Maruha Building）均采用了带有楔入控制装置的钢筋混凝土核心筒，钢筋混凝土筒体刚度大，整体性稳定性好，是抗侧力结构适宜的结构形式之一。下面介绍鹿岛拆除 2 号办公楼和拆除理索纳马鲁哈大厦（Resona Maruha Building）工程中水平抗侧力结构的做法。

鹿岛 2 号办公楼地上 20 层，地下 3 层，高 75m，一共设置了两个钢筋混凝土筒，布置在结构内部，平面布置类似于内部设置双筒的框架-核心筒结构，如图 3.2-1 所示。筒体地面以上高 3 层，地下 1 层，底部嵌固在地下一层底板。作为抗侧力结构的筒体未通高设置，筒体就像销键一样，将水平荷载传递给地下室，再传给周围土体，不承担竖向荷载，如图 3.2-2 所示。

理索纳马鲁哈大厦（Resona Maruha Building）地上 24 层，地下 4 层，高 108m，是超高层建筑，一共设置了 4 个筒体，分散布置在四个角部，如图 3.2-3 所示，这种布置方式可获得较大的平面抗扭刚度。立面布置跟 2 号办公楼类似，筒体没有通高设置，筒体地面以上高 3 层，地下 1 层，底部嵌固在地下一层底板，如图 3.2-4 所示。

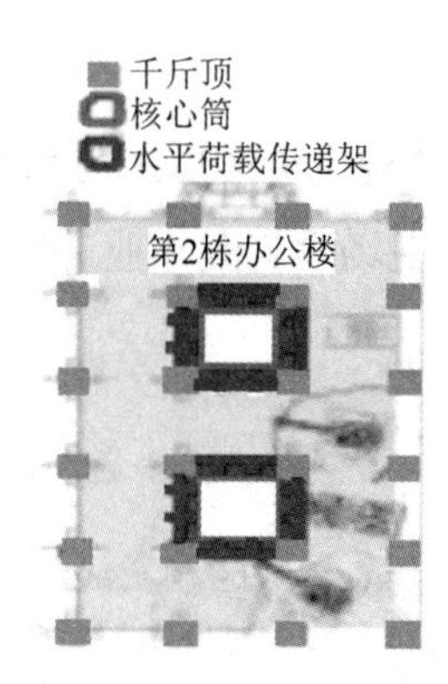

图 3.2-1　鹿岛 2 号办公楼筒体结构平面布置图（资料来源：鹿岛建设）

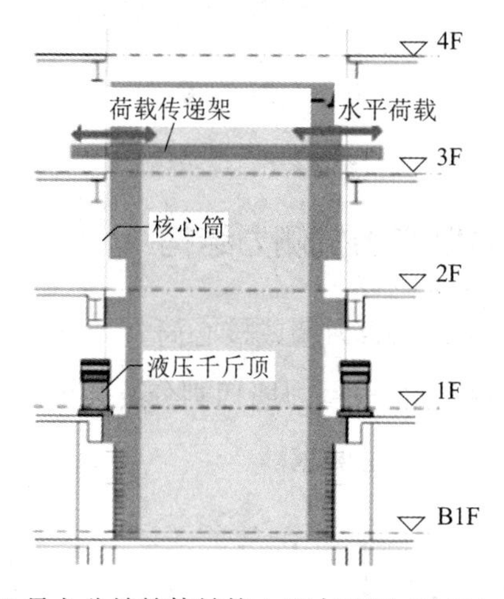

图 3.2-2　鹿岛 2 号办公楼筒体结构立面布置图（资料来源：鹿岛建设）

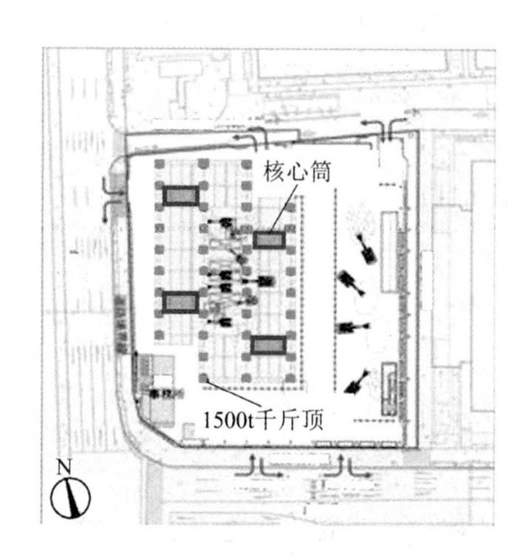

图 3.2-3　理索纳马鲁哈大厦筒体结构平面布置图（资料来源：鹿岛建设）

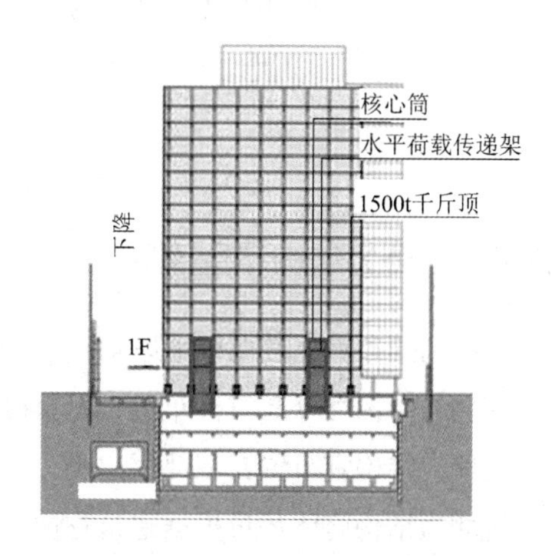

图 3.2-4　理索纳马鲁哈大厦筒体结构立面布置图（资料来源：鹿岛建设）

3.2.2 钢结构筒

除了钢筋混凝土筒体，抗侧力结构也可考虑采用钢结构筒体，水平荷载传递与钢筋混凝土筒相同，优势在于便于标准化，现场没有湿作业，施工速度快，钢结构筒示意如图 3.2-5 所示。

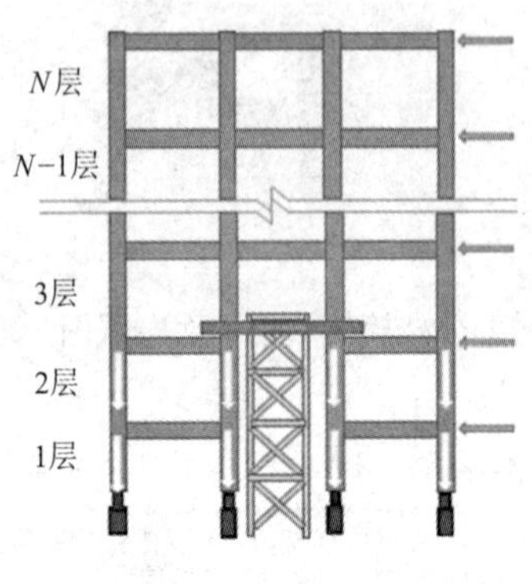

图 3.2-5 钢结构筒

3.2.3 利用原有剪力墙充当抗侧力结构

当待拆除结构具有钢筋混凝土剪力墙或核心筒时，可考虑利用现有的剪力墙或核心筒作为抗侧力结构，如图 3.2-6 所示。对剪力墙切割分离会导致其边界条件改变，要注意验算剪力墙自身承载力和稳定性是否满足要求。

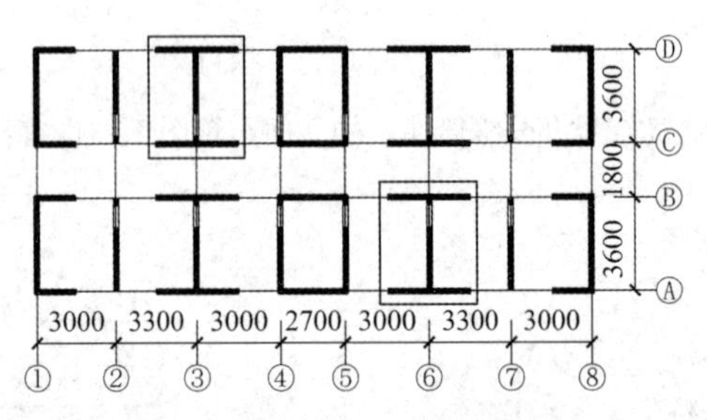

图 3.2-6 利用现有剪力墙充当抗侧力结构

3.2.4 抗侧力结构布置原则

抗侧力结构的布置应遵循以下原则：

（1）抗侧力结构宜分散对称布置，以获得较大的平面抗扭刚度；

（2）抗侧力结构宜布置在端部第二跨；

（3）抗侧力结构筒体数量根据建筑物情况分析确定，不宜少于 2 个；

（4）抗侧力结构筒体在地面以上的高度通过计算确定，不宜少于 3 层；

（5）抗侧力结构底部应有嵌固段，待拆除结构有地下室时，抗侧力结构应下延一层。

3.2.5　节点连接

待拆除结构与抗侧力结构的节点连接构造（图 3.2-7）要满足以下要求：

（1）抗侧力结构除自重外，不承担竖向荷载；

（2）在逆向拆除施工过程中能让待拆除结构上下平滑移动；

（3）节点连接在水平两个方向均能有效传递水平荷载；

（4）抗侧力结构传力中心与楼板中心宜对齐，以有效传递水平力；

（5）在风、地震发生和结构停止移动时能及时锁定。

图 3.2-7　待拆除结构与抗侧力结构的节点连接（资料来源：鹿岛建设）

3.3　竖向移动导向装置

逆向拆除过程中建筑物沿着既定路线向下移动，如果没有限位导向装置，建筑物在向下移动过程中会出现微小摆动，需采用竖向移动限位导向装置限制或消除结构在下降过程中的水平摆动或偏移。这里介绍一种导向装置做法，即滚轮式竖向移动限位导向装置。

滚轮式竖向移动限位导向装置安装在待拆除结构与抗侧力结构之间，在导向装置端部带有滚轮，以减少移动时的摩擦。当待拆除结构与抗侧力结构产生水平相对位移时，滚轮受压，抗侧力结构起到限制水平位移、引导竖向移动的作用。滚轮式竖向移动限位导向装置如图 3.3-1 所示，与待拆除结构、抗侧力结构的节点连接如图 3.3-2 所示。

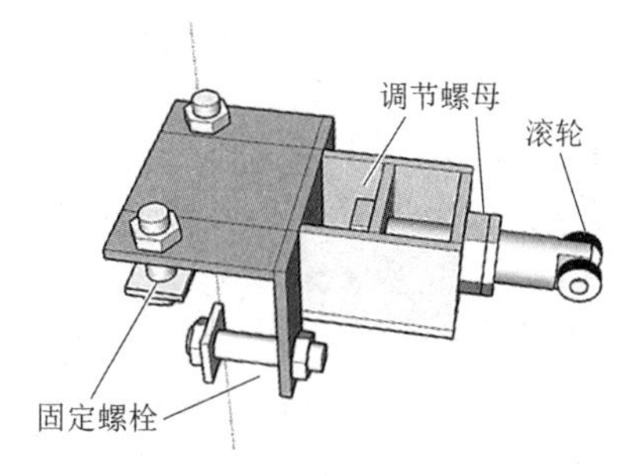

图 3.3-1　滚轮式竖向移动限位导向装置

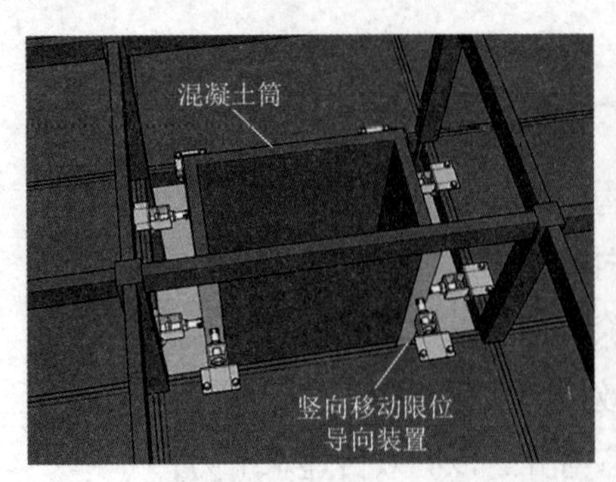

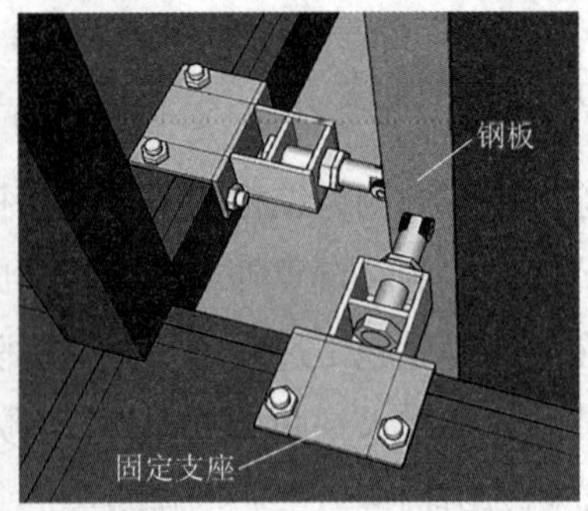

图 3.3-2　滚轮式竖向移动限位导向装置的节点连接示意

参考文献

[1] 时继瑞, 马宏睿, 李义龙, 等. 建筑结构逆向拆除仿真分析研究报告[R]. 北京: 建研科技股份有限公司, 2021.

[2] 时继瑞. 钢筋混凝土框架结构逆向拆除技术的研究[D]. 北京: 北京交通大学, 2020.

[3] 储德文, 李义龙. 钢结构建筑逆向拆除的施工方法: 201810843951. 3[P]. 2021-05-21.

[4] 储德文, 李义龙. 钢筋混凝土结构逆向拆除竖向转换支撑结构: 201821260290. 3[P]. 2019-03-26.

[5] 储德文, 刘枫, 时继瑞, 马宏睿, 赵爽. 一种钢筋混凝土结构逆向拆除抽芯转换装置: 202021538176. X[P]. 2021-03-19.

[6] 时继瑞, 马宏睿, 李义龙, 等. 逆向拆除竖向转换参数化分析和绘图研究报告[R]. 北京: 建研科技股份有限公司, 2021.

[7] Makoto Kayashima, Yozo Shinozaki, Takenobu Koga, et al. A New Demolition System for High-Rise Buildings[C]//Proceedings of CTBUH 9th World Congress. Shanghai, 2012: 631-636.

第 4 章

动力设备及液压同步移位控制系统

本章根据逆向拆除施工过程的特点，分析了现有液压同步顶升技术用于逆向拆除施工的不足，以及逆向拆除施工对设备的特殊要求，介绍了专门为建筑逆向拆除所做的机械设备和控制系统研发工作，包括千斤顶和泵站的研发、设计、加工，控制系统的开发、调试，以及对整套液压同步移位控制系统所进行的性能测试。

4.1　液压整体移位

液压整体移位技术起初是一种既有建筑物保护与改造的综合技术，在城市规划改造兴起的过程中，以保护既有建筑物不被拆除为目标的平移技术和以改造建筑物使用空间的顶升技术逐渐出现并迅速发展。近年来，随着大跨空间钢结构的迅速发展，拓展了液压整体移位技术的应用范围，同时液压整体移位施工技术的发展又促进了液压同步移位设备的技术进步。

液压整体移位技术正是在液压技术与自动控制技术结合日益紧密的背景下发展起来并逐渐成熟，主要用于大型结构或构件的整体提升/顶升卸载、滑移（平移）以及整体张拉等，该项技术集成了机械、电子、计算机、通信和控制理论，能实现精确的同步移位施工，大大提升了工作效率，降低了人工安装的风险性。

与传统的安装施工技术相比，液压整体移位技术具有以下优点：

（1）平移或提升距离长，可达数百米；

（2）可以用于牵引尺寸、面积、体积、重量较大的结构或构件；

（3）采用伺服和 PLC 控制技术，配置灵活、易于扩展、可动态同步调节，自动化程度高，精度高；

（4）设有安全保护和报警措施，施工可靠性高，可有效降低施工风险；

（5）缩短施工周期、降低施工费用；

（6）可通过局部调整来适应各种工况，主要应用于平移、转体、提升、降落、顶升、卸载、张拉等多种工况；

（7）节能减排。

目前，PLC（Programmable Logical Controller）自动同步控制技术被广泛应用于大型结构移位工程中。PLC 液压同步控制技术运用反馈控制理论来实现千斤顶同步控制，是一种建立在力和位移双闭环综合控制基础上的移位方法。

由于被移位结构的体型越来越大，一次性同步控制点位数量越来越多，尤其是大型结构移位工程，同步控制点位超过 50 个，同步控制设备投资成本大，工程实践中往往采用分区自动控制、区间人工调控等方法，以取得技术先进性和经济性的统一。

就现有的技术水平而言，国内液压同步施工设备的承载力可以满足数千吨结构的整体移位工作，设备承载力已不是问题。但是，国内液压同步施工设备在移位施工过程中动作的连续性、和缓性以及各作用点移位同步性控制方面还需要进一步提升。

此外，对移位施工过程的监测目前主要是由第三方检测机构在施工过程中进行，施工结束后形成监测报告。但是，仅根据第三方监测数据很难实时对整体移位施工的状态进行判断，当移位施工出现异常情况时，施工人员无法及时对施工过程进行调整，可能造成严重后果。因此，完善同步施工设备的监测功能，实现施工监测一体化也是迫切需要。

4.2 液压同步顶升/卸载

根据实现功能的不同，液压整体移位技术主要分为以竖向移位为主的液压同步提升技术、液压同步顶升/卸载技术，以水平移位为主的液压同步平移/滑移/转体技术，以及包含竖向和水平移位的液压同步张拉技术。其中，液压同步顶升/卸载技术是液压整体移位技术中应用最为广泛的一种。

4.2.1 多点同步顶升/卸载

大型结构同步顶升/卸载施工是指将结构从支撑体系受力状态转换到结构自身受力状态或反向的施工过程。卸载过程中，结构的内力随时发生变化，施工时应保证结构内力控制在设计允许范围内，同时每一个卸载点动作同步。在此过程中，千斤顶受力比较均匀，没有大的内力突变，卸载过程结构受力合理，易于实施。

同步顶升/卸载系统采用液压千斤顶作为执行机构，通过采集各控制点的压力、位移量反馈至控制系统，实现移位施工过程的闭环控制。各控制点之间通过通信总线连接至主控制台，实现多点同步控制及远程操控功能，可实时在线显示顶升位移和顶升荷载，也可实时记录施工全过程。

例如，深圳大运会主体育场钢结构卸载工程（图 4.2-1），钢结构重达 18000t，采用临时胎架支撑、高空拼接的方法施工。临时支撑胎架为格构钢柱，沿径向共 4 圈，沿环向每圈布置在 20 处，从外至内依次为背峰、背谷、冠谷和内环，总计 80 个支撑胎架，如图 4.2-2 所示。通过同步卸载使主体钢结构自身受力，独立承载，形成按照设计要求的受力体系，钢结构沉降和扭曲程度均在设计控制的范围内。

同步顶升与同步卸载的运动过程相反，即在需要顶升部位设置临时支撑，利用同步控制系统对液压千斤顶的顶出和回程过程自动监控，目前同步顶升多应用于桥梁工程中。

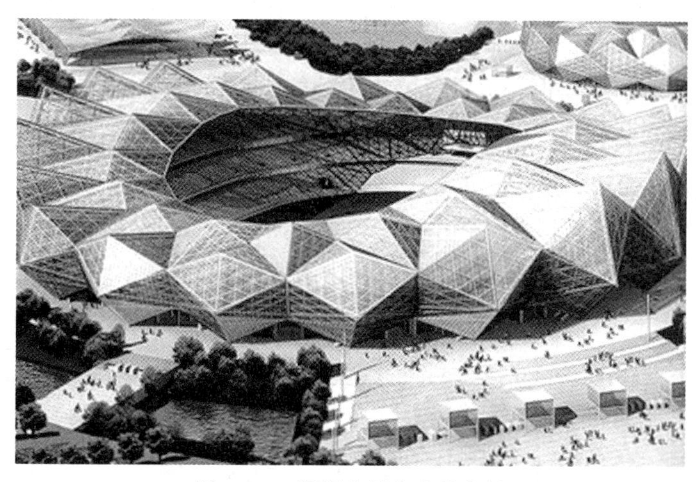

图 4.2-1　深圳大运会主体育场

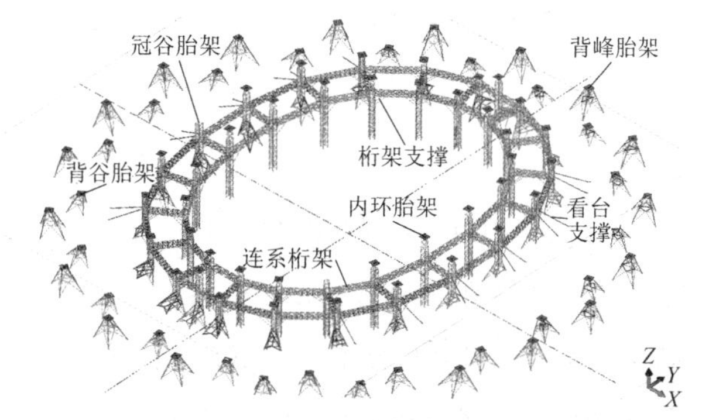

图 4.2-2　深圳大运会主体育场钢结构卸载工程支撑胎架布置

同步顶升或卸载施工过程通过计算机实时监测和控制，不但可以保证同步顶升或卸载，控制构件的运动姿态和应力分布，还可以让构件在空中长期停留和进行细微调节，完成人力和传统设备难以完成的施工任务，使大型构件的安装过程既简便快捷又安全可靠。因此，移位控制技术是整体移位工程顺利实施的核心技术。

4.2.2　多点同步顶升/卸载控制系统基本组成

液压多点同步顶升/卸载移位控制系统基本功能单元由承重系统、液压系统、控制系统和监测系统四部分组成，该系统是在结构分析的基础上，根据结构特性设计计算机 PLC 信号处理与液压系统，输入外部监控设备的位移信号，输出液压系统油量控制信号，利用终端多组千斤顶来达到平衡、安全、高效地对结构进行顶升的目的，其顶升和降落精度误差可控制在±1mm 以内。

同步顶升/卸载系统单台液压泵站的液压工作原理如图 4.2-3 所示。

整体顶升/卸载系统的执行机构采用液压顶升千斤顶（实心），液压系统由油泵和控制阀组构成，为液压千斤顶提供动力，根据各作业点顶升力的要求，可以由一台泵站带动数台千斤顶。液压系统在计算机控制下同步作业，可以全自动完成同步移位操作，实现力和位移的控制，包括位移误差的控制、行程的控制、负载压力的控制，同时系统具有误操作自动保护、过程显示、故障报警、紧急停止等功能，移位过程中能够使结构姿态平稳、负荷均衡，从而顺利安装到位。液压系统油缸液控单向阀可防止液压系统及管路失压，保证对负载的有效支撑。

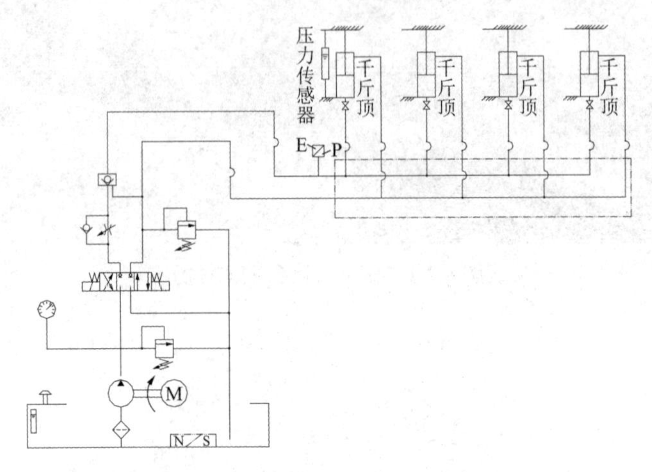

图 4.2-3　液压工作原理图

计算机控制系统是整个同步顶升/卸载移位系统的核心，它对由监测传感系统所收集到的数据进行分析处理，并将处理后的数据反馈给液压系统，通过液压系统调节各千斤顶油压，从而保证整个顶升/卸载移位系统的同步性。施工过程由计算机控制系统通过信息采集系统和电气系统进行智能化的闭环控制，主要有三项作用：首先是控制液压千斤顶集群的同步作业，其次是控制施工偏差，再次是对整个作业进行监控，实现信息化施工。计算机控制系统可在施工过程中自动对施工系统进行自适应调整，进行故障的自动检测与诊断，并能模仿与代替操作人员的部分工作，从而提高施工的安全性和自动化程度。

同步顶升/卸载系统的控制策略以“位移同步”优先，同时保证“力均载”。同步顶升/卸载系统使用位移传感器来实时监控各卸载点主体结构的位移变化量，通过压力传感器反馈各个千斤顶内部的压力状况，通过单点的升降调整来保证整体位移的一致性，使各点位移控制在设定的范围内。

位移同步控制是位移监测装置和压力传感器通过信号线将采集到的信号传输给分控箱，分控箱再通过通信总线将数据上传给总控制器，总控制器通过运算，适时调整各点的运行状态。例如，某一点的下降量过大，当总控制器收到该信号时，会对该点千斤顶发出等待指令，等其他各点的下降量与之相近时，再发出让千斤顶继续下降的指令。

顶升力控制是主控台通过分控箱对各油泵进行控制，通过压力传感器采集压力信息。如果顶升力不够，主控台对伺服电机发出指令，电机运作，油泵加压，主控台可以实时显示出各支撑点千斤顶的顶升力。

4.3 逆向拆除用千斤顶

根据逆向拆除施工过程的要求，采用液压同步顶升技术进行逆向拆除施工是难以避免的选择。但现有的液压同步顶升设备用于逆向拆除施工还存在许多不足，直接应用存在安全隐患，需要对液压同步顶升系统进行专门的设计，使其满足逆向拆除施工的要求。

4.3.1 常用顶升千斤顶

为了理清逆向拆除施工对设备的要求,先对现有同步顶升设备的特点进行分析和比较。

（1）普通顶升千斤顶

目前顶升工程中常用的千斤顶是液压顶升千斤顶（实心），千斤顶结构原理如图 4.3-1 所示。千斤顶带荷载顶出为有效工作，空载退回为准备工作。根据油路设置，可分为单作用和双作用两种类型。对于只需要顶升距离很小的工程来说（例如更换桥梁支座），采用单作用顶升千斤顶就可以实现顶升功能。单作用顶升千斤顶在油压下活塞顶出，在负载作用下活塞回缩，行程一般较短，结构简单，如图 4.3-1（a）所示。对于顶升距离较大的工程来说，一般需要双作用顶升千斤顶，如图 4.3-1（b）所示，液压复位设计能迅速而有效地将活塞缩回原来的位置，可精确控制结构升降。

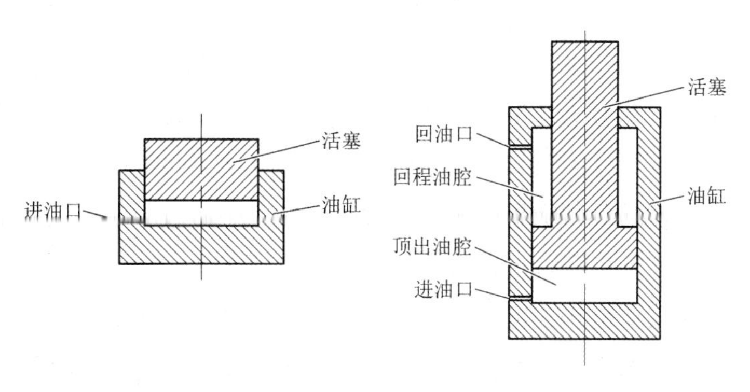

图 4.3-1 普通顶升千斤顶结构原理图

顶升千斤顶的选用应根据工程中实际的单点顶升吨位和安全系数进行选择。单顶公称输出力 3000kN 以下的顶升千斤顶较为常用，较大吨位的顶升工程会采用数量较多的顶升千斤顶进行同步控制。

出于稳定性的考虑，顶升千斤顶的行程一般不会太长，可通过倒换垫块实现较长距离的升降施工。顶升千斤顶还可用于水平方向的顶推施工，为了提高施工效率，顶推施工需要使用行程较长的顶升千斤顶。

对于普通顶升、卸载工程，采用计算机控制多台液压顶升千斤顶就可以完成整体同步顶升、卸载施工。为了保证在施工过程中不会因为油管爆裂、液压系统故障等原因出现安全性事故，一般会在油路上设置安全保压装置，内置卸压阀防止过载，即采用液压自锁的方法保证千斤顶对结构的有效支撑。但是，如果千斤顶本身出现内泄等故障，这种方法就无法发挥作用，会使顶升结构的安全性受到威胁，甚至发生不可估量的安全事故。

（2）自锁千斤顶

千斤顶将结构同步顶升或者降落到预定位置后，通常需要保持该状态较长时间以便对结构进行焊接拼装、拆除或者测量等操作。液压系统虽然能够通过液压自锁方式持荷，但是由于存在内泄等因素，并不适合长时间持荷，通常采用临时支撑垫块进行转换，将千斤顶承担的荷载转为支撑垫块承担，以保证对结构的稳定支撑。对于顶升点很多的大型结构，需要的支撑垫块数量庞大，转换垫块费时费力，为此可采用机械自锁千斤顶，原理如图 4.3-2 所示。

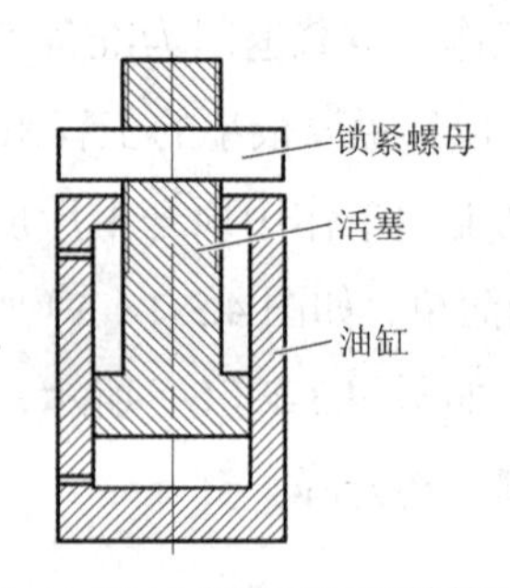

图 4.3-2　机械自锁千斤顶结构原理图

千斤顶的活塞上设置有贯穿整个行程长度的螺纹，并外套与其配合的自锁螺母，当结构顶升或下降到位，旋转自锁螺母使其顶住油缸顶部自锁，此时可除去油压，实现纯机械支撑，然后便可对结构进行其他施工操作。机械自锁千斤顶与普通顶升千斤顶和支撑垫块搭配使用方式相比，不仅可以节省大量支撑垫块，而且在活塞顶出行程范围内，活塞可以在任何位置锁定，比支撑垫块更灵活方便。因此，机械自锁千斤顶适用于要求活塞长时间伸展持续支撑负荷作业的场合，而且安全可靠，在除去油压时仍可支持重物。

需要注意的是，增加了自锁机构之后，千斤顶的体积和重量都会增大，千斤顶的生产成本也会显著上升。

（3）随动千斤顶

自锁千斤顶解决了油缸突然失压时的安全性问题，但是旋紧自锁螺母仍然需要人为操作，依旧存在安全隐患。于是有研发机构开发了随动千斤顶，与顶升千斤顶一同组成随动支撑垫块体系（图 4.3-3）。

随动支撑垫块体系的工作原理是：顶升时，顶升千斤顶按指令位移顶升上部结构，随动千斤顶自动跟进，等顶升千斤顶达到指定位移后，顶升千斤顶停止顶升，随动千斤顶也停止跟进；顶升千斤顶收缸，此时随动千斤顶受力；顶升千斤顶下放置工具式钢箱垫块，顶升千斤顶伸缸顶紧，随动千斤顶收缩回归原位，在随动千斤顶下放置工具式钢箱垫块，然后顶升千斤顶设定压力，顶紧上部结构。重复以上步骤，直到把结构顶升到位。

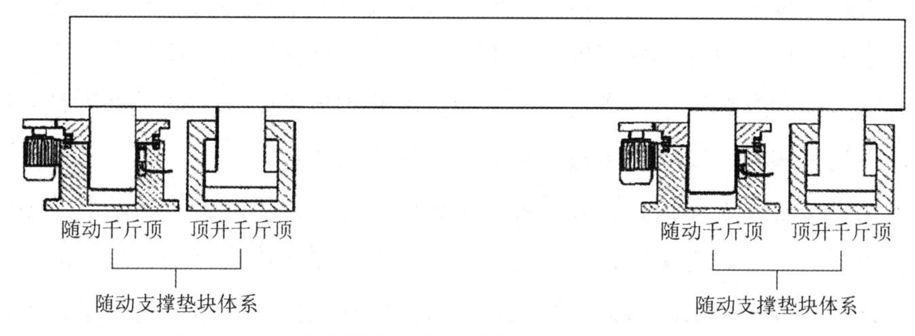

图 4.3-3 随动支撑垫块体系示意图（资料来源：文献[4-5]）

采用随动支撑体系的目的是提供一种在主动顶升千斤顶油缸的油压出现突然卸压的意外情况下，仍能有效支撑上部结构、避免上部结构滑落的机械式随动支撑机构。随动支撑垫块体系用随动千斤顶替代了垫块，但同时增加了千斤顶的数量，而且需要足够的空间放置更多的千斤顶。

4.3.2 现有顶升千斤顶用于逆向拆除施工存在的问题

对于逆向拆除施工，在整个拆除过程中，结构需要下降几十米或者上百米甚至更多，在安装、拆除牛腿和转换支撑，切割、拆除梁、板、柱及其他附属结构时，需要多次、长时间持续支撑尚未拆除的结构，这对同步顶升设备提出了更高的要求。

逆向拆除与顶升作用形式正好相反，空载顶出为准备工作，带荷载退回为有效工作。因此，单作用液压千斤顶无法满足使用要求，普通的双作用顶升千斤顶也存在单点吨位较小、行程偏短的缺点。逆向拆除时，液压千斤顶一般设置在柱下或者梁下，单点要求的吨位通常较大。如果按照常规顶升工程使用较小的液压千斤顶，则每点都需要使用多台千斤顶，没有足够的操作空间，同一点的多台千斤顶也需要更高的同步精度，而且还需要增加一定的工装。另外，由于逆向拆除施工每降落一段都需要拆除一部分结构，千斤顶的行程会影响拆除的效率。因此长行程、大吨位的液压千斤顶更符合逆向拆除施工的要求。

机械自锁千斤顶虽然能够实现对结构的可靠机械支撑，但是用于需要多次反复旋转自锁螺母以便实现自锁和松开的工况，人工操作还是较为繁琐。并且对于高层建筑逆向拆除施工来说，每根柱子承受荷载很高，通常超过 5000kN，另外尚需考虑结构受力不均衡。设备需要承担的荷载会通过自锁螺母与活塞上的螺纹传递给油缸承担，与螺纹的承载能力匹配的螺母尺寸也会很大，旋转螺母需要较大的扭矩，人工多次反复旋转螺母的劳动强度也较大。

逆向拆除不仅需要顶升千斤顶通过机械自锁实现对结构的稳定支撑，还对同步顶升系统的安全性提出更高的要求。顶升时若出现液压内泄、油管爆裂等意外，会使顶升结构的安全性受到威胁，甚至发生不可估量的安全事故。普通顶升千斤顶在顶升或下降过程中，除了采用液压自锁保证安全性外，还可以通过随时撤除或增加垫板的方式（图 4.3-4a）防止因为系统失压导致千斤顶突然回程，顶升点失去支撑而造成的安全事故。这种情况下，即使千斤顶意外回程，顶升点最多也只会下降一个垫板的高度就会落在支撑垫块上，对结构稳定性和安全性的影响较小，搭配使用不同厚度的垫板（图 4.3-4b）可将影响控制在安全范围内，但是多次撤除或增加垫板也增加了较多的工作量。

如果采用机械自锁千斤顶，随着活塞的顶出或者缩回，不断旋转活塞上的锁紧螺母，使其与油缸顶部的距离始终保持较小的间隙，一旦液压系统出现泄漏故障，活塞在荷载作用下缩回，锁紧螺母接触油缸顶部并自锁，实现纯机械支撑。在这个过程中，顶升结构随千斤顶活塞下降，但下降距离很小，自锁之后整个结构停止下降，不会出现倾斜、倒塌等严重安全事故。

(a) (b)

图 4.3-4　某工程顶升千斤顶临时支撑垫块使用情况

采用机械自锁千斤顶可以省去大量垫板及反复撤除或增加垫板的工作量，但在活塞顶出过程中，如果旋转螺母不够及时，自锁螺母与油缸之间的距离会较大，一旦液压系统发生故障，结构将会下降较大的距离千斤顶才会自锁。在下降过程中，如果旋转螺母不够及时，螺母会意外自锁，导致该柱子停止下降，其他柱子下方的千斤顶因此会受力不均，进而导致结构受力不均衡并可能导致结构倾斜、失稳甚至破坏；如果旋转螺母过快，则会导致自锁螺母与油缸之间的距离较大，一旦液压系统发生故障，结构将会下降较大的距离千斤顶才会自锁，存在安全隐患。

千斤顶活塞顶出和下降的同步性可由同步控制系统保证，但人工旋转自锁螺母却无法保证螺母旋转的同步性和位置的一致性，所以机械自锁千斤顶还不能完全满足逆向拆除施工过程对安全性的要求。

4.3.3　逆向拆除用千斤顶的研制

1）逆向拆除用千斤顶技术方案设计

根据前述分析，逆向拆除施工使用的千斤顶不仅要保证活塞顶出和缩回的同步性，还要保证自锁螺母上升和下降的同步性及位置的一致性，这就要求自锁螺母的动作也要实现自动化，并且能通过计算机实现同步控制。由于自锁螺母的上升和下降是通过旋转来实现的，因此采用齿轮传动机构实现螺母的自动旋转。将螺母外圈设计为齿轮，在千斤顶油缸外壁设置一液压马达，马达的齿轮轴与齿圈螺母啮合，从而驱动自锁螺母旋转，结构示意如图 4.3-5 所示。

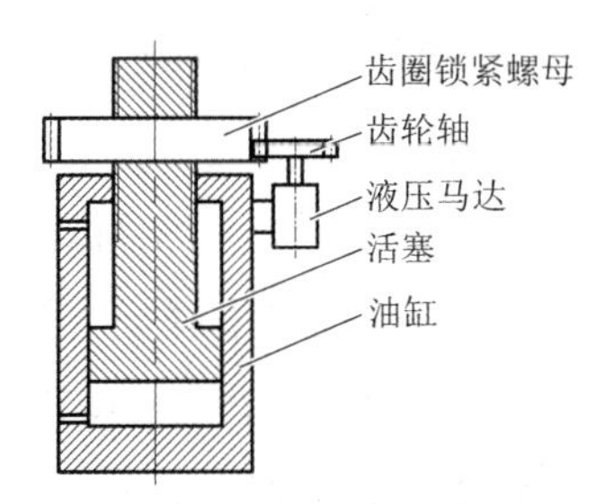

图 4.3-5　带自动旋转螺母锁定机构的千斤顶原理图

为克服现有液压同步顶升技术中存在的不足，提供既能对结构进行顶升和降落，又能在需要时实现机械支撑功能，还能在液压系统突然发生意外失压的情况下仍能有效支撑上部结构、避免上部结构滑落的顶升千斤顶，对上述几种千斤顶的功能进行分析比较，如表 4.3-1 所示，带自动旋转螺母锁定机构的顶升千斤顶适合逆向拆除的要求。

不同顶升千斤顶的功能比较　　表 4.3-1

功能	普通顶升千斤顶	机械自锁顶升千斤顶	带自动旋转螺母锁定机构的顶升千斤顶
支撑功能	不适合长时间持荷，不能代替临时支撑垫块	可长时间机械支撑，可代替临时支撑垫块	可长时间机械支撑，可代替临时支撑垫块
安全保护	液压自锁	液压自锁＋机械自锁	液压自锁＋机械自锁
螺母位置控制方式	—	人工控制，准确程度不高	自动控制，准确程度高

对于逆向拆除来说，大吨位、长行程、具备自锁功能、控制精度高是千斤顶及控制系统的基本要求，目前常规千斤顶不满足这些基本要求，需要进行设备研制。

根据调研的情况，并对普通液压顶升千斤顶、机械自锁液压顶升千斤顶、带自动旋转螺母锁定机构的双作用随动千斤顶分别进行了初步方案设计、询价、方案比选，考虑到逆向拆除施工的风险性，应该采用具有机械自锁功能的顶升千斤顶，同时液压系统也应具备液压自锁能力，最终确定了带自动旋转螺母锁定机构的双作用随动千斤顶的技术方案。

2）逆向拆除用千斤顶的结构设计

为满足逆向拆除施工的要求，在确定采用带自动旋转螺母锁定机构的双作用随动千斤顶的技术方案后，根据逆向拆除施工特点在以下几个方面对千斤顶进行了专门的结构设计。

（1）常规顶升工程中，单顶吨位 3000kN 以下的顶升千斤顶较为常用，较大吨位的顶升工程会采用数量较多顶升千斤顶进行同步控制，从而实现较高的总承载力。而逆向拆除施工针对的都是高层建筑，层数多，顶升千斤顶一般设置在柱下或者梁下，单点承载力超过 5000kN，如果按照常规顶升工程使用较小的顶升千斤顶，则每点都需要使用多台千斤顶，既没有足够的操作空间，也会提高控制系统的复杂性，因此大吨位的顶升千斤顶在单点顶升荷载高的逆向拆除施工中才有更广泛的适用性，千斤顶的公称输出力建议不低于 10000kN。

（2）出于稳定性和经济性的考虑，顶升千斤顶的行程一般不会太长，可通过倒换垫块实现不断的升降施工。但逆向拆除施工过程每下降一个行程都需要切割柱，切割柱的长度越短，切割次数就越多，费用就越高，所用时间就越多，效率就越低。为了减少切割柱的次数，可采用两种方案：一种是增加临时支撑，由千斤顶与临时支撑轮流承担结构的荷载，并反复倒换临时支撑，施工效率会降低；另一种是采用长行程的顶升千斤顶，千斤顶的行程越长，倒换次数和切割次数越少，施工效率越高。但是千斤顶行程越长，加工难度越大，还需要采取措施保证稳定性，而且千斤顶本身吨位很大，又采用了自动旋转螺母的技术方案，行程的增加会使千斤顶的制造成本和设备自重增长数倍，因此需要综合考虑确定。

（3）为了准确控制螺母的位置，保证所有千斤顶的自锁螺母位置一致，在自锁螺母下面设置一个电子尺采集螺母下端面的位置信号，如图 4.3-6 所示。控制系统根据反馈的螺母位置信号对液压马达发出指令，控制螺母的旋转，使螺母下端面与油缸上端面的间隙始终保持在设定的范围内。

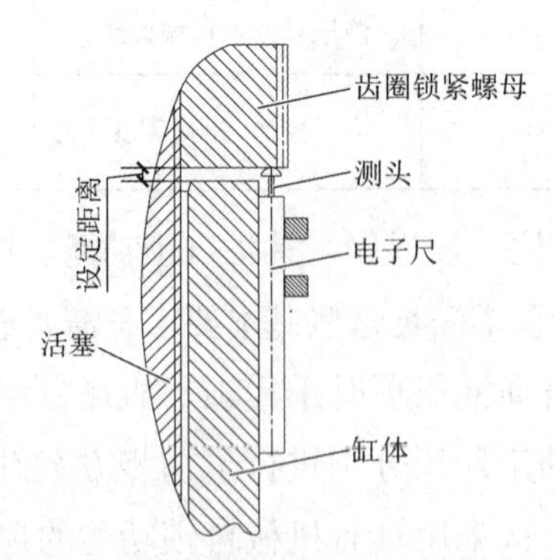

图 4.3-6　测量螺母位置的电子尺示意图

（4）千斤顶上配置与行程长度匹配的磁致伸缩位移传感器如图 4.3-7 所示，实时反馈千斤顶伸缸和缩缸时活塞的位置信息，便于控制系统监控结构各顶升点的位移变化量，控制泵站的供油，从而保证多台千斤顶伸缸和缩缸的同步性。

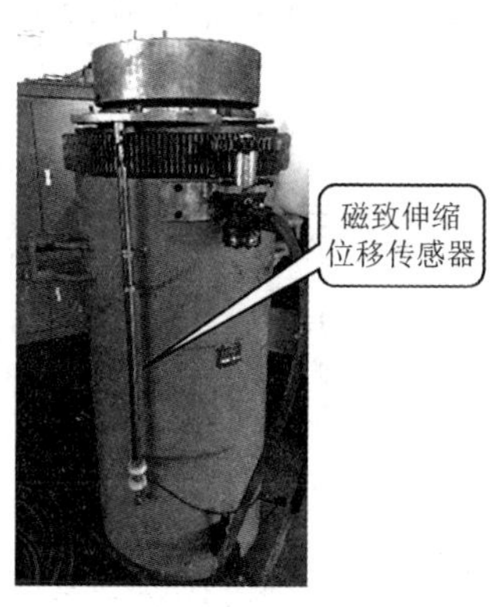

图 4.3-7　测量活塞位置的磁致伸缩位移传感器

（5）现场切割很难保证切割完的柱端面平整和水平，因此可能造成千斤顶受侧向力，这不仅会对结构的稳定性产生不良影响，也会对千斤顶的使用寿命和性能产生不利影响，因此千斤顶活塞顶端采用球面鞍座的抗偏载设计方案，如图 4.3-8 所示，球面鞍座的凹垫和凸垫之间涂极压锂基脂，具有优良的极压抗磨性、抗水性、防锈防腐性，为承受极大压力的阀座提供良好的润滑。

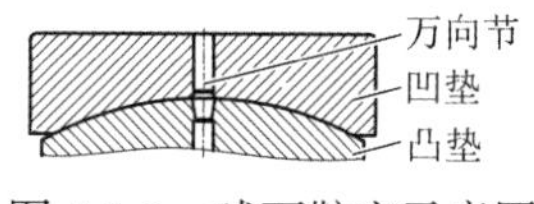

图 4.3-8　球面鞍座示意图

（6）千斤顶自重较大，设计吊装机构，方便搬运，结构简单，操作便捷。

（7）施工现场的切割、拆除施工会产生较多碎屑、粉尘，除了千斤顶必须的防尘设计之外，还增加了透明防尘罩，避免碎屑进入螺纹导致螺纹旋转不顺畅，同时还有利于观察千斤顶的工作状态，如图 4.3-9 所示。

图 4.3-9　透明防尘罩

（8）此外，千斤顶的导向和密封都采用适合重载、长行程特点的设计方案。

根据上述要求，并综合考虑制造成本、设备自重、配套泵站的能力、适用范围，研制的逆向拆除千斤顶样机选择了公称行程 800mm，公称输出力 12000kN 的主要技术参数，构造示意如图 4.3-10 所示。

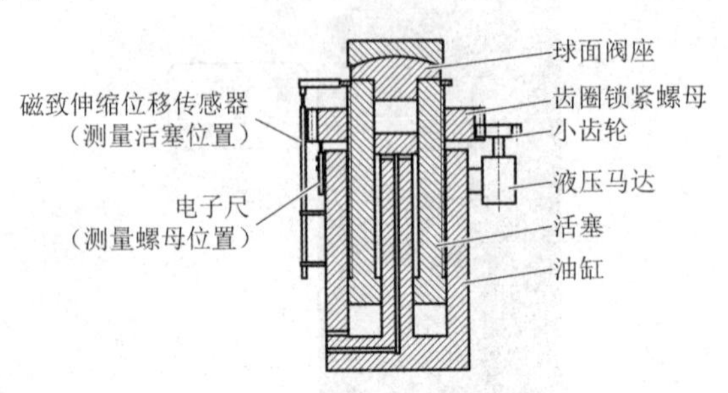

图 4.3-10　千斤顶构造示意图

根据逆向拆除施工对千斤顶的功能要求，设计的带自动旋转螺母锁定机构双作用随动千斤顶如图 4.3-11 所示，样机如图 4.3-12 所示。

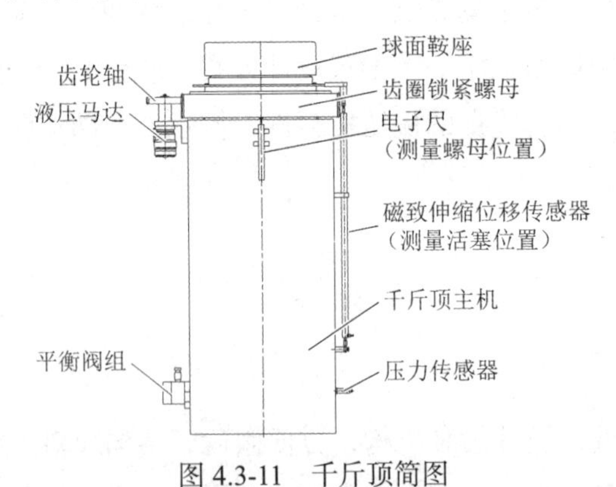

图 4.3-11　千斤顶简图

图 4.3-12　带自动旋转螺母锁定机构的双作用随动千斤顶样机

千斤顶由千斤顶主机、平衡阀组、齿圈锁紧螺母、液压马达驱动装置、测量活塞伸出量的磁致伸缩位移传感器和安装附件、测量螺母位置的电子尺及安装附件、测量压力的压力传感器、球面鞍座、防护罩等部分组成。

逆向拆除用千斤顶的技术参数见表 4.3-2。

千斤顶技术参数　　表 4.3-2

名称	参数
高压腔额定压力	60MPa
回程腔许用压力	20MPa
额定载荷	12000kN
行程	800mm
高压腔活塞面积	$0.21675m^2$
回程腔活塞面积	$0.019144m^2$
面积比	11.3：1
外形尺寸（不包含防尘罩）	904mm × 1052mm × 1770mm
外形尺寸（包含防尘罩）	ϕ1200mm × 1770mm
主机净重（不包含油、防尘罩、阀、马达）	4620kg
工作状态重量（含油、防尘罩）	4820kg
配套平衡阀的公称流量	20L/min
由平衡阀决定的千斤顶最大速度	92mm/min
由千斤顶及平衡阀决定的回程油路许用最大供油流量	1.77L/min
液压马达型号	BMP-50
液压马达额定压力	14MPa
液压马达扭矩	89N · m
液压马达排量	52.9mL/r
液压马达转速范围	10～800r/min
液压马达最大流量	40L/min

4.3.4　千斤顶设计计算

千斤顶主体结构如图 4.3-13 所示。

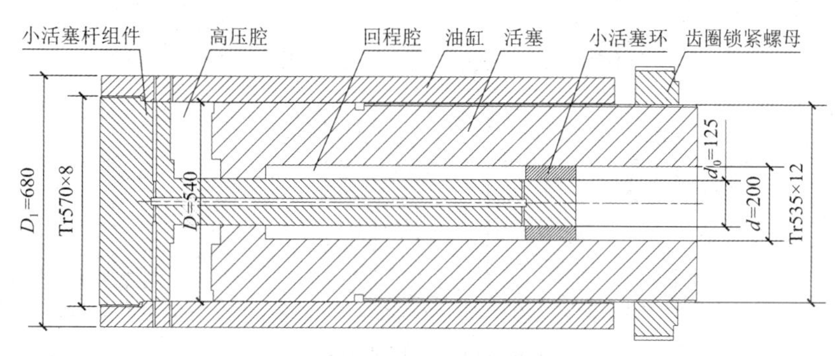

图 4.3-13　千斤顶主体结构简图

1）设计参数选取计算

根据设计要求，对千斤顶核心技术指标提出如下要求：

公称输出力：$F \geqslant 12000\text{kN}$

额定压力：$P \geqslant 56\text{MPa}$，以便于减小设备径向尺寸

根据以上要求计算如下：

高压腔工作面积：$S = F/P = 12000 \times 10^3/(56 \times 10^6) = 0.214\text{m}^2$

根据结构特点取小活塞杆杆体直径$d_0 = 125\text{mm}$，小活塞环外径$d = 200\text{mm}$，取油缸内径$D = 540\text{mm}$。

高压腔工作面积：$S = \frac{\pi}{4}\left(D^2 - d_0^2\right) = \frac{\pi}{4}(0.54^2 - 0.125^2) = 0.21675\text{m}^2$

回程腔工作面积：$S_0 = \frac{\pi}{4}\left(d^2 - d_0^2\right) = \frac{\pi}{4}(0.2^2 - 0.125^2) = 0.019144\text{m}^2$

取额定压力：$P = 60\text{MPa}$

理论输出力：$F_0 = S \times P = 0.21675 \times 60 \times 10^6 = 13005\text{kN}$

考虑摩擦阻力对输出力的影响，取千斤顶效率$\eta \geqslant 93\%$

则实际输出力应不小于 $13005 \times 93\% = 12095\text{kN}$

公称输出力值取整为：$F = 12000\text{kN}$

满足设计要求。

2）油缸强度校核

（1）油缸的设计参数如下：

油缸内径：$D = 540\text{mm}$

油缸外径：$D_1 = 680\text{mm}$

油缸工作压力：$P_\text{n} = 60\text{MPa}$

材料选用 35CrMo，调质处理（260～300）HBW，抗拉强度$\sigma_\text{b} \geqslant 980\text{MPa}$，屈服强度$\sigma_\text{s} \geqslant 835\text{MPa}$，安全系数$[n_\text{s}] \geqslant 1.5$

油缸结构如图 4.3-14 所示。

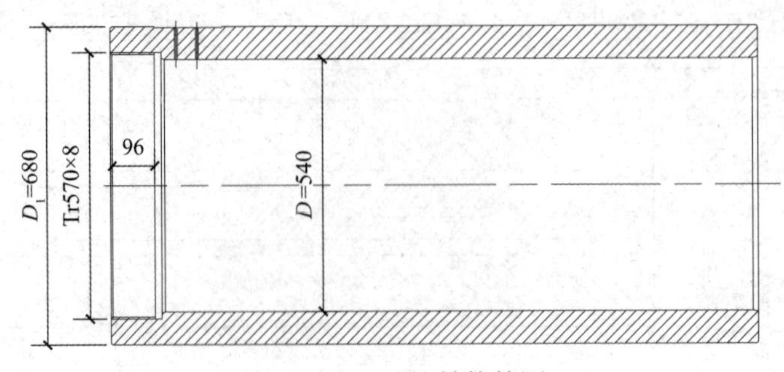

图 4.3-14　油缸结构简图

（2）额定工作压力P_n（MPa）应该低于一定极限值，以保证工作安全：

根据成大先主编的《机械设计手册》（第四版）第 3 卷：

$$P_n \leqslant 0.35\frac{\sigma_s\left(D_1^2-D^2\right)}{D_1^2}\text{或}P_n \leqslant 0.5\frac{\sigma_s\left(D_1^2-D^2\right)}{\sqrt{3D_1^4+D^4}}$$

$$0.35\frac{\sigma_s\left(D_1^2-D^2\right)}{D_1^2}=0.35\times\frac{835\times(0.68^2-0.54^2)}{0.68^2}=107.95\text{MPa}$$

$$0.5\frac{\sigma_s\left(D_1^2-D^2\right)}{\sqrt{3D_1^4+D^4}}=0.5\times\frac{835\times(0.68^2-0.54^2)}{\sqrt{3\times0.68^4+0.54^4}}=83.67\text{MPa}$$

$P_n=60\text{MPa}$ 低于以上强度极限值。

（3）同时，额定工作压力P_n应该小于一定比例的完全塑性变形压力P_{rL}，以避免塑性变形的发生，根据成大先主编的《机械设计手册》（第四版）第 3 卷：

$$P_n \leqslant (0.35\sim0.42)P_{rL}$$

缸筒发生塑性变形的压力$P_{rL} \leqslant 2.3\sigma_s \lg\frac{D_1}{D}=2.3\times835\times\lg\frac{0.68}{0.54}=192.3\text{MPa}$

$P_n=60\text{MPa}\leqslant(0.35\sim0.42)P_{rL}=(67.3\sim80.8)\text{MPa}$

满足要求。

（4）油缸的爆裂压力P_r

根据成大先主编的《机械设计手册》（第四版）第 3 卷：

$P_r=2.3\sigma_b\lg\frac{D_1}{D}=2.3\times985\times\lg\frac{0.68}{0.54}=226.8\text{MPa}\geqslant1.25\times P_n=75\text{MPa}$

缸筒的爆裂压力远大于极限压力。

（5）油缸安全系数

顶出时轴向拉应力：

$$\sigma_z=\frac{F_0}{\frac{\pi}{4}\left(D_1^2-D^2\right)}=\frac{13005}{\frac{\pi}{4}(0.68^2-0.54^2)}=97.0\text{MPa}$$

顶出时径向拉应力：

$$\sigma_t=\frac{\sqrt{3D_1^4+D^4}}{D_1^2-D^2}P=\frac{\sqrt{3\times0.68^4+0.54^4}}{0.68^2-0.54^2}\times60=299.4\text{MPa}$$

强度组合：

按第二强度理论：$\sigma=\sigma_t-\mu\sigma_z=299.4-0.3\times97.0=270.3\text{MPa}$

安全系数：$n_s=\frac{\sigma_s}{\sigma}=835/270.3=3.09$

按第四强度理论：$\sigma=\sqrt{\sigma_t^2-\sigma_t\sigma_z}=\sqrt{270.3^2-270.3\times97.0}=216.4\text{MPa}$

安全系数：$n_s=\dfrac{\sigma_s}{\sigma}=835/216.4=3.86$

如超载 25%，$n_{\min}=n_s/1.25=3.09/1.25=2.47\geqslant1.5$

符合设计要求。

3）油缸螺纹部分强度校核

油缸端部承受的最大推力：$F_0=13005\text{kN}$

油缸端部螺纹规格：$\text{Tr}570\times8$

螺纹外径：$d_1=570\text{mm}$

油缸外径：$D=680\text{mm}$

拧紧螺纹的系数K：不变荷载取$K=1.25$～1.5

螺纹连接的摩擦因数：$K_1=0.07$～0.2，平均取$K_1=0.12$

安全系数n_0：取$n_0=1.2$～2.5

许用应力：$\sigma_p=\dfrac{\sigma_s}{n_0}$

螺纹处的拉应力：

$$\sigma=\frac{KF_0}{\frac{\pi}{4}\left(D^2-d_1^2\right)}=\frac{1.5\times13005}{\frac{\pi}{4}(0.68^2-0.57^2)}=180.6\text{MPa}$$

螺纹处的剪应力：

$$\tau=\frac{K_1KF_0D}{0.2\left(D^3-d_1^3\right)}=\frac{0.12\times1.5\times13005\times0.68}{0.2\times(0.68^3-0.57^3)}=61.6\text{MPa}$$

合成应力：

$$\sigma_n=\sqrt{\sigma^2+3\tau^2}\leqslant\sigma_p$$

$$\sigma_n=\sqrt{180.6^2+3\times61.6^2}=209.8\text{MPa}\leqslant\sigma_p=\frac{\sigma_s}{n_0}=\frac{835}{2.5}=334\text{MPa}$$

满足设计要求。

4）自锁机构螺纹副强度校核

活塞与齿圈螺母组成的自锁机构的螺纹副结构如图 4.3-15 所示。

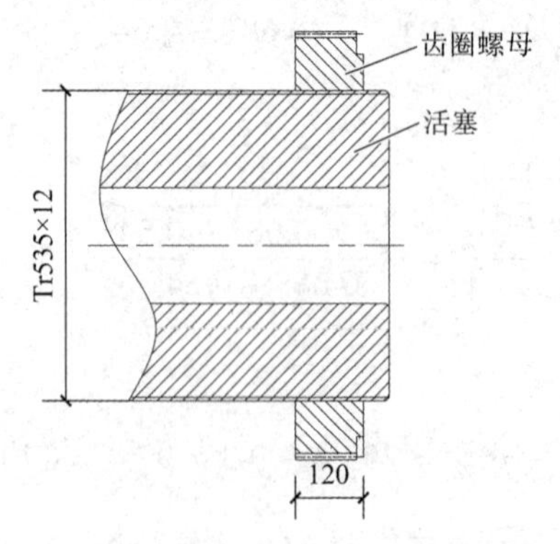

图 4.3-15　自锁机构的螺纹副结构简图

活塞和齿圈螺母材料均选用35CrMo，调质处理（240～280）HBW。

抗拉强度$\sigma_b \geqslant 980MPa$，屈服强度$\sigma_s \geqslant 835MPa$，安全系数$[n_s] \geqslant 1.5$。

螺纹规格：Tr535 × 12

螺距：$P = 12mm$

基本牙型高度H_1：梯形螺纹$H_1 = 0.5P = 6mm$

外螺纹小径：$d_3 = 522mm$

螺纹中径：529mm

螺母厚度：120mm

有效螺纹连接长度：114mm

螺纹旋合圈数：$u = 114/12 = 9.5$ 圈

螺纹根部宽度b：梯形螺纹$b = 0.65P = 0.65 \times 12 = 7.8mm$

螺纹承受的轴向力：$F = 12000kN$

活塞和齿圈螺母采用相同材料，只需校核活塞螺纹部分的强度，根据成大先主编的《机械设计手册》（第四版）第4卷：

弯曲剪应力应满足$\tau = \dfrac{F}{\pi d_3 bu} \leqslant \tau_b = 0.6\sigma_b = 0.6 \times 985 = 591MPa$

弯曲正应力应满足$\sigma_b = \dfrac{3FH_1}{\pi d_3 b^2 u} \leqslant \sigma_{bp} = (1.0\sim1.2)\sigma_p = (1.0\sim1.2) \times 985MPa$

$$\tau = \frac{F}{\pi d_3 bu} = \frac{12000}{\pi \times 522 \times 7.8 \times 9.5} = 98.75MPa \leqslant 591MPa$$

$$\sigma_b = \frac{3FH_1}{\pi d_3 b^2 u} = \frac{3 \times 12000 \times 6}{\pi \times 522 \times 7.8^2 \times 9.5} = 227.9MPa \leqslant 985MPa$$

按照第四强度理论计算合应力：

$$\sigma_n = \sqrt{\sigma^2 + 3\tau^2} \leqslant \sigma_p$$

$$\sigma_n = \sqrt{227.9^2 + 3 \times 98.75^2} = 284.9MPa$$

安全系数$n_s = 835/284.9 = 2.9 \geqslant 1.5$

满足设计要求。

4.3.5 千斤顶设计图纸

千斤顶型号：YSDT 12000-800

其中，Y—液压千斤顶，S—自锁，DT—顶推，12000—额定输出力12000kN，800—行程800mm。

千斤顶工程样机装配图如图4.3-16所示，设计图纸（略）。

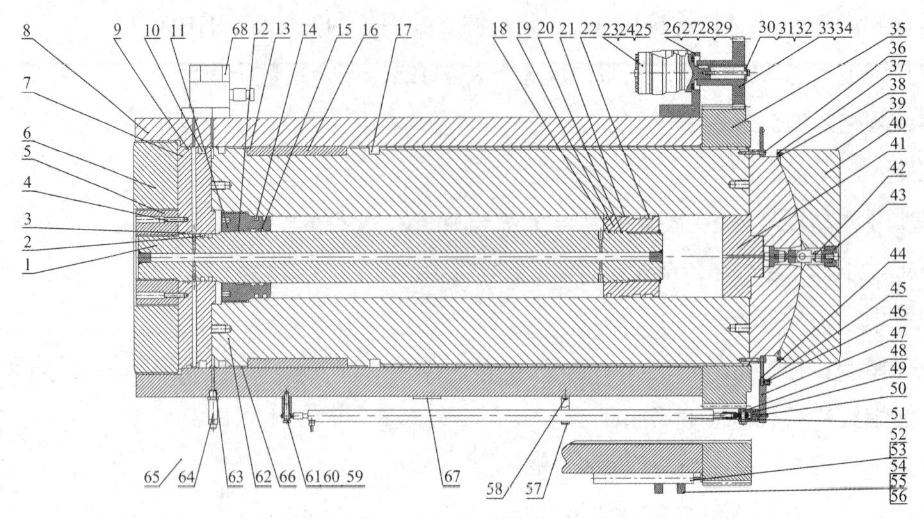

图 4.3-16　千斤顶工程样机装配图

1-小活塞杆；2-孔用重载格莱圈；3-哑铃形密封圈；4-圆柱头内六角螺钉；5-小螺母；6-缸底压盖；7-缸底；8-缸底总成；9-哑铃形密封圈；10-孔用重载格莱圈；11-小导向套；12-导向环；13-支撑环；14-重载格莱圈；15-活塞杆（轴）用C形滑环式组合密封；16-圆柱头内六角螺钉；17-KY型密封圈；18-哑铃形密封圈；19-小活塞环；20-O形密封圈；21-导向耐磨环；22-YX型密封圈；23-液压马达；24-油口接头；25-油口接头；26-马达安装座；27-六角头螺栓；28-弹簧垫圈；29-六角螺母；30-挡片；31-六角头螺栓；32-弹簧垫圈；33-圆头普通平键；34-齿轮轴；35-齿圈螺母；36-六角头螺栓；37-圆柱头内六角螺钉；38-压板；39-凸垫；40-凹垫；41-堵头；42-顶头螺栓；43-衬垫；44-滑环；45-钢球；46-开槽平端紧定螺钉；47-滑块；48-六角头螺栓；49-铰接头；50-六角头螺栓；51-磁致伸缩位移传感器；52-绝缘套；53-电子尺；54-卡箍；55-圆柱头内六角螺钉；56-大垫圈；57-卡箍；58-六角头螺栓；59-平垫圈；60-六角头螺栓；61-隔套；62-大活塞；63-垫片；64-压力传感器；65-外置式变送模块；66-平衡阀组；67-标牌；68-孔用导向耐磨环。

4.3.6　千斤顶加工制造

四平欧维姆机械有限公司在起重机械特种设备、预应力张拉施工设备方面的生产经验丰富，千斤顶的加工制造由该公司完成，图 4.3-17～图 4.3-26 展示了千斤顶零件加工、组装、测试、调试的过程照片。

图 4.3-17　零件加工（大活塞）

图 4.3-18　零件加工（凹垫）

图 4.3-19　零件加工（缸底）

图 4.3-20　零件加工（小活塞杆）

图 4.3-21　零件加工（齿圈螺母）

图 4.3-22　千斤顶装配

图 4.3-23　千斤顶组装

图 4.3-24　千斤顶测试

图 4.3-25　千斤顶组装保护罩

图 4.3-26　千斤顶与液压泵站联合调试

4.4　液压泵站

液压泵站选用 2 台额定功率为 30kW 的三相异步油泵专用电机，该电机具有结构紧凑、体积小、重量轻等优点，其输出最大额定流量可达 58L/min，能够满足同时外接多台千斤顶的流量需求。液压泵站结构及原理如图 4.4-1 和图 4.4-2 所示，技术参数见表 4.4-1。

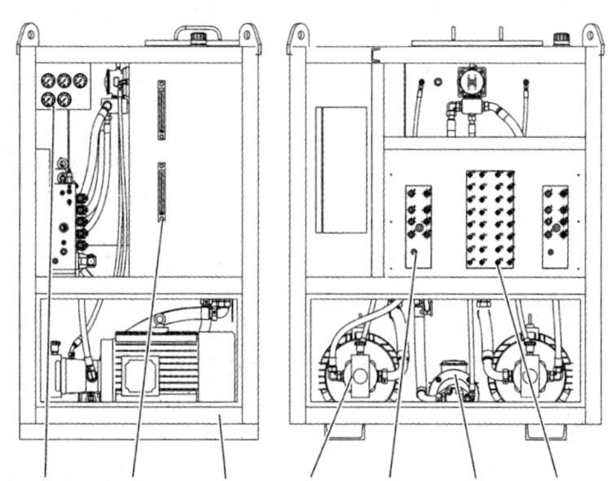

图 4.4-1　液压泵站结构示意图

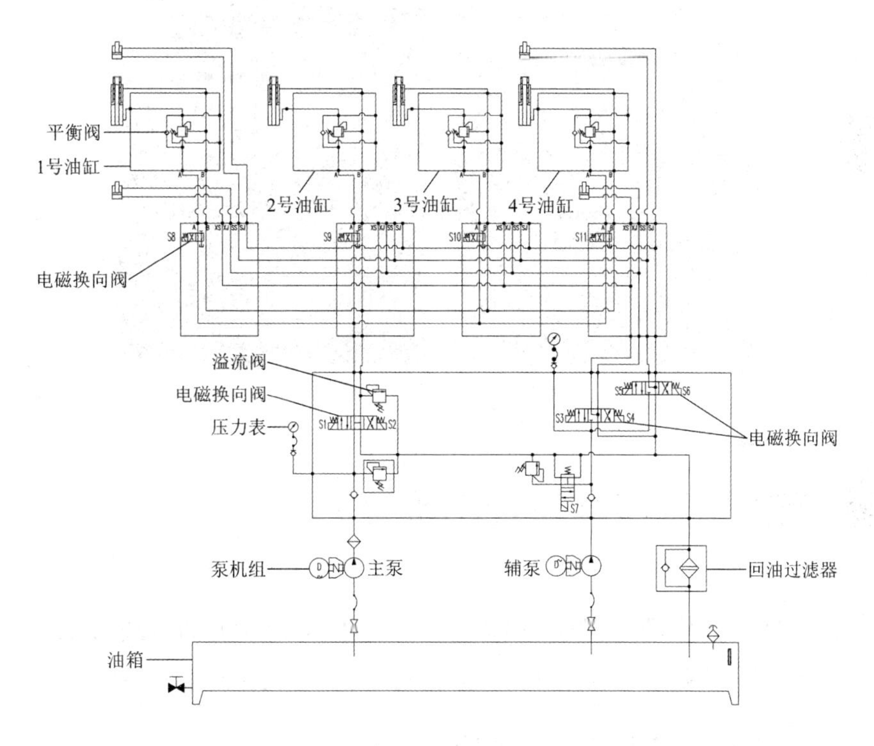

图 4.4-2　液压泵站原理图

液压泵站技术参数　　表 4.4-1

参数名称	参数值
系统型号	JY-BY-60
电机功率（kW）	2 × 30 + 3
额定流量（L/min）	58
额定油压（MPa）	31.5
外接缸数	8 路
油箱容积（L）	600

续表

参数名称	参数值
外形尺寸（mm）	1550 × 1200 × 1985
重量（kg）	2200

液压泵站型号：JY-BY-60

其中，JY—建研，BY—泵源，60—功率为 60kW。

液压泵站设计图纸（略）。

液压泵站样机见图 4.4-3。

图 4.4-3　液压泵站样机

4.5　逆向拆除同步移位控制系统

采用液压同步技术实现建筑的逆向拆除，重点之一在于制订符合逆向拆除工况的控制策略，使得结构尚未拆除的部分在降落和拆除过程中保持完整性和整体同步性。

4.5.1　逆向拆除同步移位控制系统设计

液压同步逆向拆除移位控制系统与普通顶升系统的最大区别在于千斤顶的回程为系统的主要工作状态，保证进油与回油的压力控制是关键，系统设计时在进油口采用平衡阀使通过的流量得到稳定控制，控制系统示意图如图 4.5-1 所示。

4.5.2　系统安全控制措施

控制系统采用传感监测和计算机集中控制，通过数据反馈和控制指令传递，可全自动实现同步动作、负载均衡、姿态矫正、应力控制、操作闭锁、过程显示和故障报警等多种功能，图 4.5-2 为数据反馈和控制指令传递路径示意图。

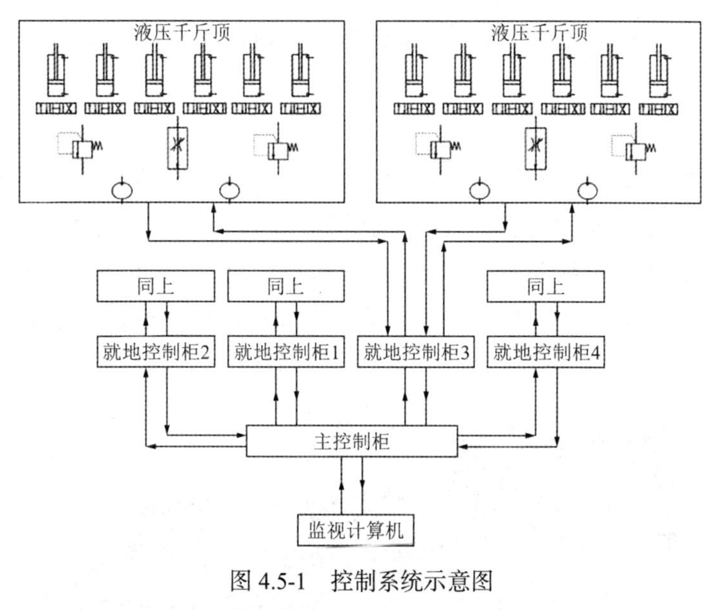

图 4.5-1　控制系统示意图

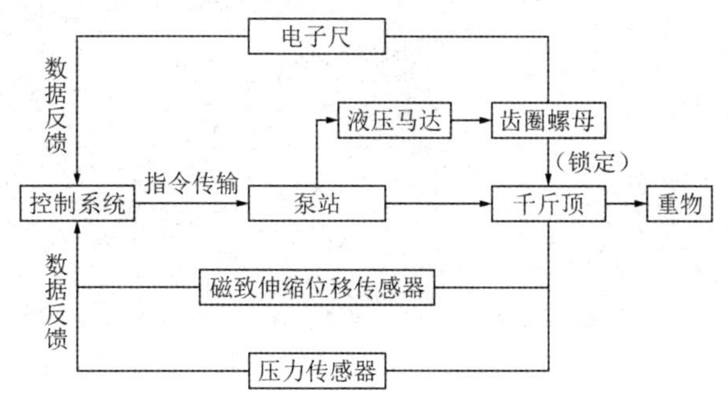

图 4.5-2　数据反馈和控制指令传递路径示意图

安全性的控制通过以下几个方面实现：

（1）位移控制。同步控制的核心是位移的控制，系统通过检测千斤顶上磁致伸缩位移传感器的反馈信号，自动调整对千斤顶供油的流量，以保证各控制点之间的位移差值始终在设定值以内。

（2）压力控制。系统通过检测千斤顶上压力传感器的反馈信号，保证施工过程负载的稳定性，以及整个系统的过载保护功能。

（3）高差自动调整。控制系统可以设定不同步最大差值，通过采集每台液压千斤顶的位移数据，并自动比较位移数据差值，当偏差值达到设定值时，系统自动调整油路供油，使各个控制点的位移始终保持同步。

（4）自动调节千斤顶锁紧螺母。系统通过千斤顶上电子尺反馈的齿圈锁紧螺母位置信号，自动调节对液压马达的供油，从而调节齿圈锁紧螺母转动的方向和速度，使得施工过程中齿圈锁紧螺母的位置保持一致，并且与油缸顶端端面的距离始终保持在设定的较小范围内。

（5）精度控制。液压同步逆向拆除系统采用 CAN（Controller Area Network）总线控制，以及从主控制器、液压泵站到液压千斤顶的逐级控制，实现了对系统中每一台千斤顶的独立实时监控和调整，从而使得液压顶升或下降的同步控制精度更高，实时性更好。

4.5.3 人机交互

操作人员可通过液压同步计算机控制系统人机界面发布控制指令，操控液压千斤顶工作过程，并监测相关数据。通过计算机人机界面的操作，可以实现自动控制、顺控（单行程动作）、手动控制以及单台千斤顶的点动操作，从而达到整体下降施工工艺中所需要的同步下降、单点毫米级微调等特殊要求。逆向拆除液压同步移位控制系统成套样机如图 4.5-3 所示，人机界面如图 4.5-4 所示。

图 4.5-3　逆向拆除液压同步移位控制系统成套样机

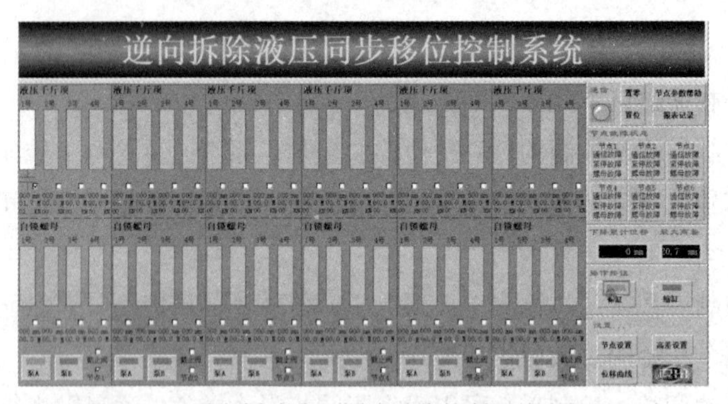

图 4.5-4　逆向拆除液压同步移位控制系统人机界面

4.5.4 系统的可扩展性

研发的样机包含：2 台液压泵站、2 台 12000kN 液压千斤顶，以及计算机同步控制系统。

单台液压泵站具有 8 个油路，可以独立连接 8 台 12000kN 液压千斤顶（即 96000kN 的负载能力）。当控制系统连接 4 台泵站时，可控负载达到 384000kN。

计算机控制系统通过数据通信总线采集每一台泵站控制单元的数据，采集数量不受控制单元数量限制。因此，计算机控制系统理论上可以同时采集无限多台泵站的数据及控制功能。根据实际工程的需要，可以增加多个泵站和千斤顶单元，使得顶升点数量和总的承载力满足逆向拆除的要求。

4.5.5 系统控制功能的实现

（1）泵站启动。每一台泵站电机的启动均为手动控制，由于电机瞬时启动电流较大，所以手动控制启动可以有效避免瞬间电流冲击。

（2）单机模式。即单独的某一台泵站参与工作，其余泵站不参与工作。在工作之初的调试阶段，以及工作过程中的纠偏调整，都需要单独控制某一台泵站独立工作，以达到现场的使用要求。

（3）联机模式。即多台泵站同时参与工作。此功能为同步控制的常用功能，需要多台泵站、多台千斤顶一同工作。此时，每台液压千斤顶上的位移传感器、油路上的压力传感器实时反馈工作信息，控制系统根据反馈结果及设置的程序进行监视与控制。

（4）高差设置。此功能用于设置同步性的精度。同步是相对的，因为电子元器件的响应时间、泵站流量等都存在偏差，随着工作时间延续，各种误差因素累计后，每一台液压千斤顶的位移都会出现高差。高差设置功能可以实现人为设定任意数值，系统自动比对每个位移传感器反馈数值之间的差值，当差值等于设定高差值时，控制系统自动调整，使不同千斤顶之间的高差始终保持在设定值以内。

（5）压力控制。泵站油路中设置有压力传感器，用于监测和限定压力上限。设备在施工调试阶段，会把压力输出上限调整至正常使用的上限值，保证在任何突发情况下，系统的输出压力均小于此上限值，对液压千斤顶、油路等起到保护作用。

（6）自锁螺母控制。此功能可实现对活塞回缩运动的机械锁定，当液压千斤顶突发泄漏失压时，防止千斤顶支撑体系突然失去承载力而发生安全事故。自锁螺母由液压马达驱动控制，能够自动保持螺母与液压缸端面之间的微小距离，遇到异常失稳状态时，自锁螺母与液压缸端面压紧并锁定，防止活塞回缩，起到承压安全防护作用。

4.6 系统测试

根据设计要求，逆向拆除液压同步移位控制系统单点力值精度应达到±1%，各点同步位移差值小于±1mm，为此对研制的逆向拆除液压同步移位控制系统进行了性能测试。

4.6.1 千斤顶力值测试

为了实现单点力值精度达到±1%，按照《液压千斤顶》JJG 621—2012 的要求对逆向拆除千斤顶及传感器进行力值校验，并将回归曲线输入控制系统，标定后测试单点力值精度是否达到要求。千斤顶力值校验试验如图 4.6-1 所示。

图 4.6-1　千斤顶力值校验试验

1）试验步骤

（1）将千斤顶放入反力架，安装好压力传感器与垫铁，如图 4.6-2 所示。压力传感器的安装应保证其轴线与千斤顶轴线相重合，且各个接触面平滑，不得有锈蚀、擦伤及杂物。

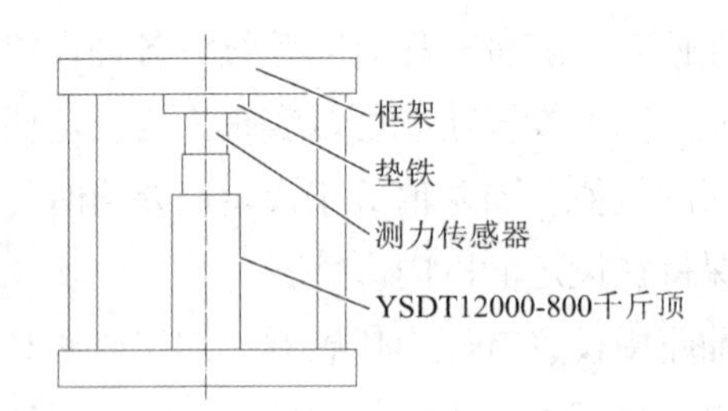

图 4.6-2　千斤顶力值校准装置示意图

（2）将液压系统的油路、通信线路连接后，再将压力传感器与应变仪连接，最后将泵站和应变仪的电源连通。

（3）操作泵站使千斤顶活塞伸出直至压力传感器上部的垫铁接触反力架上端板。

（4）按照应变仪读数，从千斤顶的顶出力达到 600kN 开始，每增加 600kN 记录一次液压系统的压力示值，直至 6000kN（受试验装置的加载能力限制）。每加一级荷载，持续一定时间，待应变仪和控制系统的压力传感器读数达到稳定，分别记录应变仪和控制系统的压力传感器读数。加载到最大荷载后卸载到零，停留 10min 后，再进行第二次试验。如此重复 3 次，记录数据。

（5）根据压力表读数与三次应变仪读数的平均值制作回归方程，将实测值及回归方程输入系统电脑，从而完成千斤顶的力值校验。

（6）千斤顶回程后关闭电源，拆除压力传感器和液压系统的油路和通信线路，并将千斤顶、压力传感器和垫铁移出反力架。

2）力值校验

力值校验试验数据处理时，千斤顶与压力传感器相匹配，如图 4.6-3 和图 4.6-4 所示，力值校验试验数据见表 4.6-1 和表 4.6-2。

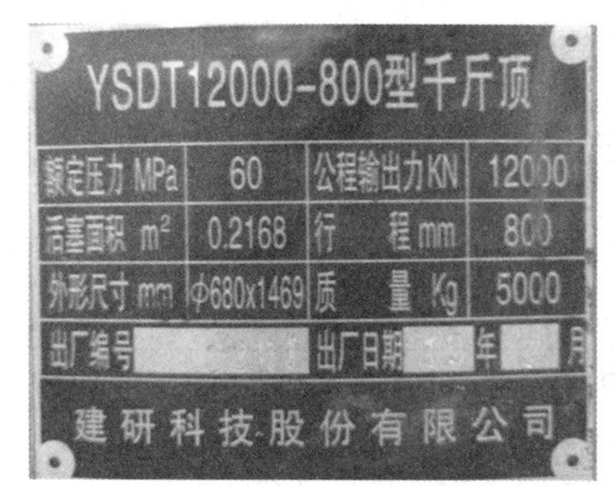

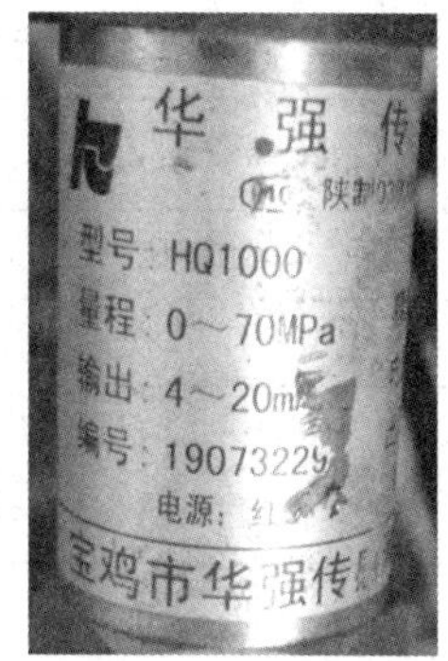

图 4.6-3　第一组千斤顶与压力传感器

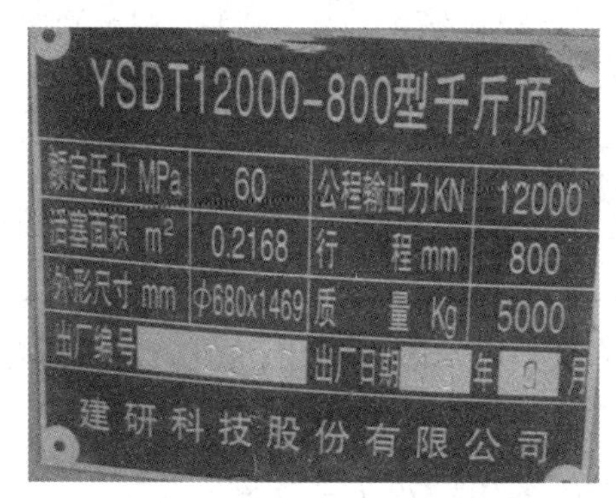

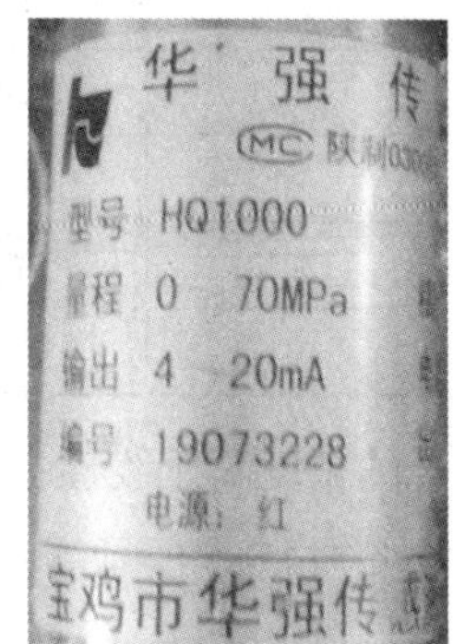

图 4.6-4　第二组千斤顶与压力传感器

第一组千斤顶与压力传感器力值校验数据　　　　**表 4.6-1**

序号	压力表示值P（MPa）	压力传感器：19073229　千斤顶编号：0201 精度：±0.25%FS　量程：（0～70）MPa				千斤顶活塞面积： $2167.5 \times 10^{-4}m^2$	
		检验力值F（kN）				计算力值（kN）	误差（%）
		第一次	第二次	第三次	平均值		
1	3	562	570	559	563.7	650.25	15.35
2	6	1175	1180	1179	1178.0	1300.50	10.40
3	9	1760	1762	1764	1762.0	1950.75	10.71
4	12	2377	2372	2376	2375.0	2601.00	9.52
5	15	3003	3002	3003	3002.7	3251.25	8.28
6	18	3635	3635	3639	3636.3	3901.50	7.29
7	21	4274	4272	4274	4273.3	4551.75	6.52
8	24	4927	4922	4931	4926.7	5202.00	5.59
9	27	5576	5580	5586	5580.7	5852.25	4.87
10	30	6230	6230	6231	6230.3	6502.50	4.37

第二组千斤顶与压力传感器力值校验数据　　表 4.6-2

序号	压力表示值P（MPa）	压力传感器：19073228　千斤顶编号：0200 精度：±0.25%FS　量程：（0~70）MPa				千斤顶活塞面积： $2167.5\times10^{-4}m^2$	
		检验力值F（kN）				计算力值（kN）	误差（%）
		第一次	第二次	第三次	平均值		
1	3.5	676	641	669	662.0	758.63	14.60
2	7.0	1375	1358	1372	1368.3	1517.25	10.89
3	10.5	2059	2052	2050	2053.7	2275.88	10.82
4	14.0	2757	2753	2755	2755.0	3034.50	10.15
5	17.5	3481	3468	3472	3473.7	3793.13	9.20
6	21.0	4221	4208	4210	4213.0	4551.75	8.04
7	24.5	4963	4954	4953	4956.7	5310.38	7.14
8	28.0	5713	5720	5733	5722.0	6069.00	6.06
9	29.75	6117	6085	6096	6099.3	6448.31	5.72

二次方程拟合的精度高于线性拟合的精度，第一组千斤顶与压力传感器回归方程见式(4.6-1)，回归曲线如图 4.6-5 所示。

$$F = 0.4595P^2 + 194.8797P - 21.85 \tag{4.6-1}$$

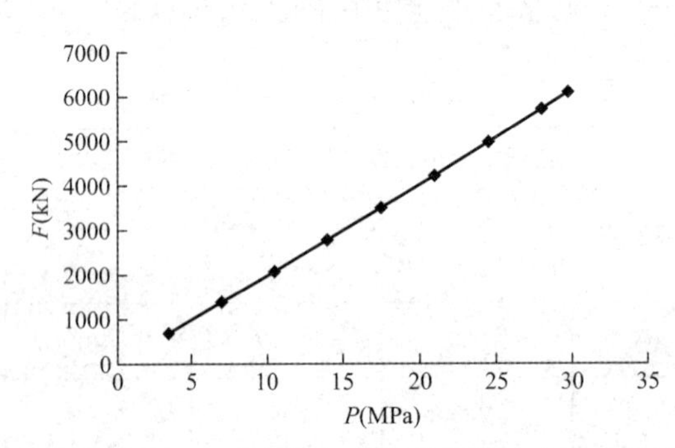

图 4.6-5　第一组千斤顶与压力传感器二次拟合曲线

第二组千斤顶与压力传感器回归方程见式(4.6-2)，回归曲线如图 4.6-6 所示。

$$F = 0.511P^2 + 189.8P - 0.838 \tag{4.6-2}$$

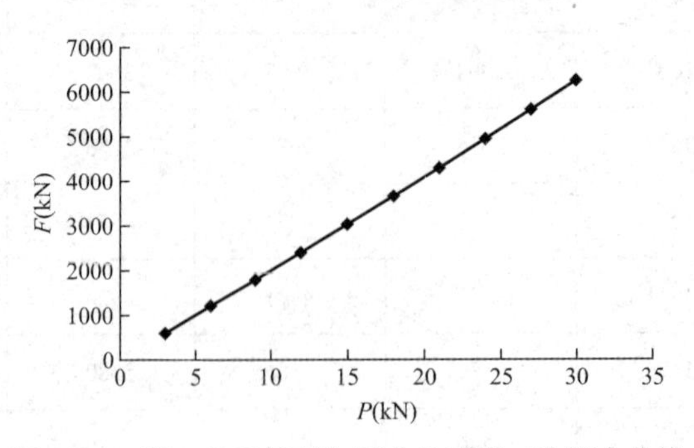

图 4.6-6　第二组千斤顶与压力传感器二次拟合曲线

3）力值精度测试

千斤顶与压力传感器力值精度测试数据见表 4.6-3 和表 4.6-4。

第一组千斤顶与压力传感器力值精度测试数据　　表 4.6-3

检验项目	千斤顶编号：0201　泵站编号：01　性能要求：精度达到±1%											
	泵站显示的油压（MPa）	第一次			第二次			第三次			示值重复性（%）	项目判定
		标准测力仪读数（kN）	传感器读数（kN）	测量误差（%）	标准测力仪读数（kN）	传感器读数（kN）	测量误差（%）	标准测力仪读数（kN）	传感器读数（kN）	测量误差（%）		
力值精度测试	3	573	571	−0.35	563	566	0.53	566	568	0.35	0.88	合格
	6	1182	1173	−0.76	1177	1178	0.08	1178	1182	0.34	0.76	
	9	1765	1767	0.11	1762	1763	0.06	1761	1759	−0.11	0.45	
	12	2374	2380	0.25	2377	2385	0.34	2375	2363	−0.51	0.93	
	15	3010	3010	0.00	3003	3005	0.07	3002	2989	−0.43	0.70	
	18	3641	3637	−0.11	3637	3630	−0.19	3635	3631	−0.11	0.19	
	21	4285	4273	−0.28	4274	4279	0.12	4273	4273	0.00	0.14	
	24	4922	4913	−0.18	4929	4938	0.18	4925	4904	−0.43	0.69	
	27	5568	5568	0.00	5581	5592	0.20	5578	5562	−0.29	0.54	
	30	6215	6226	0.18	6231	6207	−0.39	6230	6256	0.42	0.79	

第二组千斤顶与压力传感器力值精度测试数据　　表 4.6-4

检验项目	千斤顶编号：0200　泵站编号：01　性能要求：精度达到±1%											
	泵站显示的油压（MPa）	第一次			第二次			第三次			示值重复性（%）	项目判定
		标准测力仪读数（kN）	传感器读数（kN）	测量误差（%）	标准测力仪读数（kN）	传感器读数（kN）	实测精度（%）	标准测力仪读数（kN）	传感器读数（kN）	测量误差（%）		
力值精度测试	3.5	672	669	−0.45	659	663	0.61	661	664	0.45	0.90	合格
	7	1368	1366	−0.15	1366	1360	−0.44	1366	1366	0.00	0.44	
	10.5	2051	2051	0.00	2055	2047	−0.39	2058	2057	−0.05	0.49	
	14	2751	2739	−0.44	2758	2759	0.04	2757	2751	−0.22	0.73	
	17.5	3468	3467	−0.03	3474	3465	−0.26	3471	3467	−0.12	0.06	
	21	4213	4219	0.14	4216	4211	−0.12	4215	4199	−0.38	0.48	
	24.5	4954	4943	−0.22	4957	4965	0.16	4960	4964	0.08	0.44	
	28	5730	5755	0.44	5718	5736	0.31	5721	5743	0.38	0.33	
	29.75	6094	6071	−0.38	6097	6098	0.02	6097	6116	0.31	0.74	

由表 4.6-1 和表 4.6-2 可见，未经过校准的力值数据误差在 5%～15%，通过对力值数据进行二次曲线拟合后，测量误差不超过±1%（表 4.6-3、表 4.6-4），力值测量精度达到设计要求的±1%，并且具有良好的重复性。

4.6.2 位移同步性试验

1）试验方案比选

位移同步性是逆向拆除液压同步移位控制系统的重要性能，控制系统在逆向拆除施工过程中对结构进行同步顶升和同步下降时，每台千斤顶所承受的荷载是不均衡的，荷载不均衡程度越高，位移同步控制难度越大。按照设计要求，逆向拆除系统在工作过程中任意时刻的任意两台千斤顶顶升与回落位移同步误差均不超过±1mm。

位移同步性试验目前没有可依据的标准，试验的难点在于如何进行带载状态的同步性能测试。为了选择合适的加载方式，我们考察并调研了多家检测机构的试验条件，先后设计了以下三种试验加载方案：

（1）采用静载堆载平台作为加载装置。堆载装置及设备安装示意图如图 4.6-7 所示。

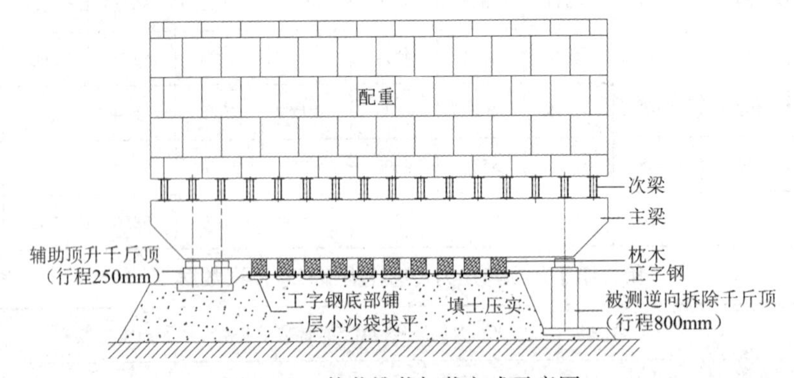

图 4.6-7　静载堆载加载方式示意图

这种加载方式的优点是与实际施工时的受力方式相同，缺点是操作难度大，试验费用高，有一定风险。

（2）采用试验机和横梁进行加载。试验装置示意图如图 4.6-8 所示。

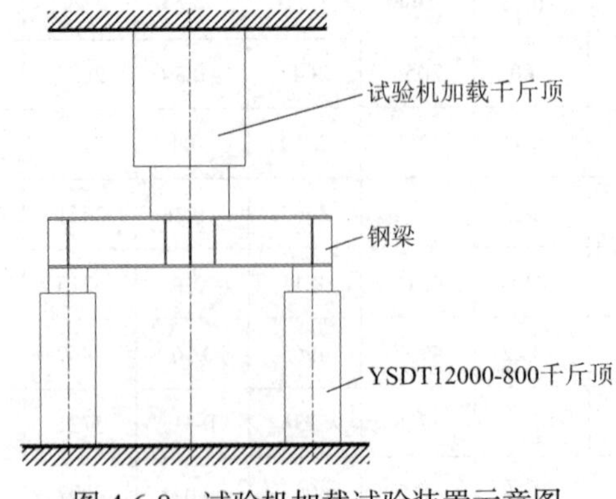

图 4.6-8　试验机加载试验装置示意图

这种加载方式需要制作大尺寸钢梁，对试验机要求也非常高，试验机加载与实际施工时的静荷载状态不完全一致。

（3）采用试验机对其中一台千斤顶加载，另外一台千斤顶空载，试验装置示意图如图 4.6-9 所示。

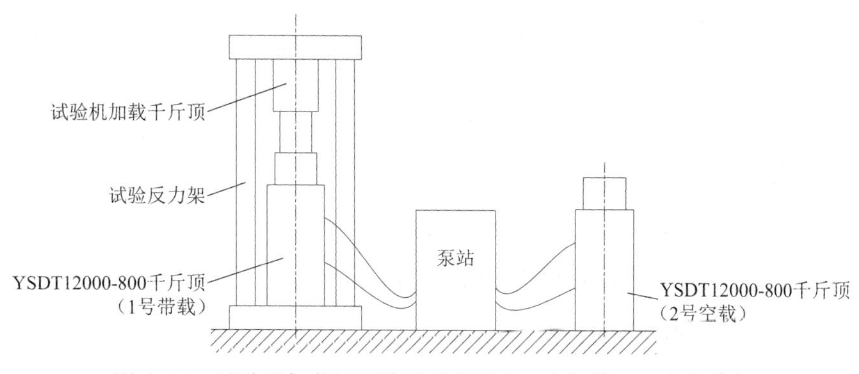

图 4.6-9　试验机加载试验装置示意图（一台加载、一台空载）

这种加载方式不对千斤顶同时进行加载，对试验机要求较低，比较容易实现，费用相对较低。实际施工时，每台千斤顶的受力一般都是不相等的，一台千斤顶带载，另一台千斤顶空载，是千斤顶受力极端不均匀的工况，对于系统同步性的考验更大。

对三种方案进行比较，并综合考虑可行性、安全性、经济性之后，最终选择了第三种加载方案进行位移同步性能测试。

根据第三方检测机构具备的试验条件细化和制订了位移同步性试验方案，并委托第三方检测机构对逆向拆除液压同步控制移位系统的位移同步性能进行了测试。

测试分为两部分：空载同步性能和带载同步性能测试。

2）试验要求

采用带载或空载的方式进行同步性能检测。当系统构成包含多台千斤顶时，采用多台千斤顶同时顶升或同时回落操作，顶升回落工作范围均不得大于千斤顶行程。每间隔不少于 50mm 取一个记录点，分别记录各台千斤顶的活塞伸出高度值，经过计算后求得同步误差。

出顶同步误差及回顶同步误差指标均在技术要求规定范围以内时，判定系统满足要求；任意一个指标超出技术要求规定范围时，进行复检，若复检仍不合格则判定为系统未能满足要求。

3）试验方法

本试验分为空载状态下的位移同步性试验和带载状态下的位移同步性试验。根据试验条件，带载状态下的位移同步性试验采用 10000kN 静载加载试验系统（卧式）对千斤顶施加静荷载。受只有一台试验机的设备条件所限，只能对一台千斤顶进行加载，另外一台千斤顶为空载状态，属于荷载不均衡的极端情况。加载试验系统的参数为行程 500mm，额定顶出力 6000kN，选择对逆向拆除液压同步移位控制系统加载 2000kN、4000kN 和 5000kN 时，在活塞顶出过程和活塞回程过程中，活塞位移量每隔 50mm 取一个点进行位移差的观察。

任意时刻任意两台千斤顶顶升与回落过程的位移同步误差计算公式为式(4.6-3)、式(4.6-4)。

$$\delta_c = L_{1c} - L_{2c} \tag{4.6-3}$$

$$\delta_h = L_{1h} - L_{2h} \tag{4.6-4}$$

式中：δ_c——出顶过程的位移同步误差（mm）；

L_{1c}——1 号千斤顶出顶时的活塞伸出高度值（mm）；

L_{2c}——2 号千斤顶出顶时的活塞伸出高度值（mm）；

δ_h——回顶过程的位移同步误差（mm）；

L_{1h}——1 号千斤顶回顶时的活塞伸出高度值（mm）；

L_{2h}——2 号千斤顶回顶时的活塞伸出高度值（mm）。

4）试验步骤

（1）准备工作

试验前先进行系统调试及仪器仪表的校准，消除系统误差，使系统处于正常工作状态。

将 1 号千斤顶放入反力架，安装好压力传感器，如图 4.6-10 所示。压力传感器的安装应保证其轴线与 1 号千斤顶轴线相重合，且各个接触面平滑，不得有锈蚀、擦伤及杂物。

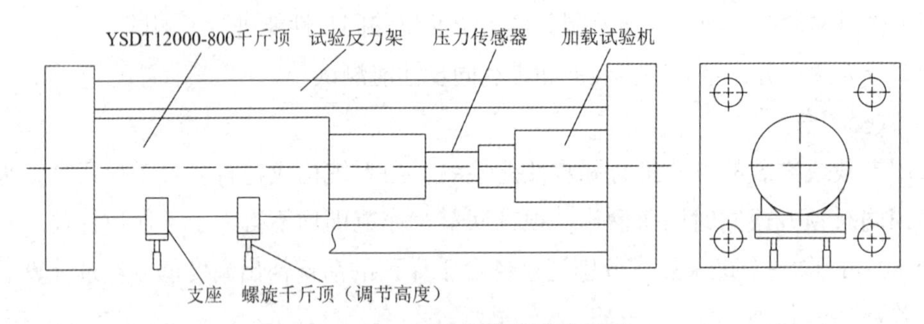

图 4.6-10　试验加载装置示意图

将逆向拆除液压同步移位控制系统的油路、通信线路、电路等连接，再将加载试验机与压力传感器、应变仪等连接。

（2）两台逆向拆除千斤顶先顶出相同高度，加载试验机千斤顶对 1 号千斤顶缓慢加载至预定荷载（2000kN、4000kN、5000kN），与 1 号千斤顶的顶出力达到平衡，调节 2 号千斤顶的顶出高度与 1 号千斤顶相同。

（3）逆向拆除液压同步移位控制系统控制 1 号和 2 号千斤顶同步缓慢顶出，加载试验机保持对 1 号千斤顶的荷载基本不变，以模拟对 1 号千斤顶施加静荷载。

（4）在千斤顶同步顶出过程中，观察两台千斤顶的活塞伸出量，每间隔不少于 50mm 取一个记录点，分别记录各台千斤顶的活塞伸出高度值，经过计算后求得同步误差。

（5）当 1 号千斤顶的活塞伸出量达到 450mm 时，控制系统使两台千斤顶同步回程，加载试验机缓慢顶出，仍然保持对 1 号千斤顶的荷载基本不变，观察两台千斤顶在回程过程中的位移同步性。

（6）空载状态下的位移同步性，两台千斤顶竖直放置，不加荷载，试验步骤与上述带载试验相同。

位移同步性试验照片如图 4.6-11 和图 4.6-12 所示。

图 4.6-11　带载位移同步性试验

图 4.6-12　空载位移同步性试验

5）试验数据分析

空载位移同步性试验数据如表 4.6-5 所示。

空载位移同步性试验数据　表 4.6-5

<table>
<tr><td rowspan="2">检验项目</td><td colspan="5">1 号千斤顶（0201）荷载：0kN　2 号千斤顶（0200）荷载：0kN
性能要求：位移差绝对值小于 1mm</td></tr>
<tr><td colspan="2">序号</td><td>0201 号顶位移（mm）</td><td>0200 号顶位移（mm）</td><td>位移差绝对值（mm）</td></tr>
<tr><td rowspan="25">位移同步性（空载）</td><td rowspan="12">活塞顶出</td><td>1</td><td>5</td><td>5</td><td>0.3</td></tr>
<tr><td>2</td><td>50</td><td>50</td><td>0.2</td></tr>
<tr><td>3</td><td>100</td><td>100</td><td>0.3</td></tr>
<tr><td>4</td><td>150</td><td>150</td><td>0.2</td></tr>
<tr><td>5</td><td>200</td><td>199</td><td>0.2</td></tr>
<tr><td>6</td><td>250</td><td>251</td><td>0.3</td></tr>
<tr><td>7</td><td>300</td><td>301</td><td>0.3</td></tr>
<tr><td>8</td><td>349</td><td>350</td><td>0.5</td></tr>
<tr><td>9</td><td>400</td><td>399</td><td>0.6</td></tr>
<tr><td>10</td><td>451</td><td>450</td><td>0.5</td></tr>
<tr><td>11</td><td>501</td><td>500</td><td>0.3</td></tr>
<tr><td>12</td><td>550</td><td>549</td><td>0.3</td></tr>
<tr><td rowspan="13">活塞回程</td><td>13</td><td>564</td><td>563</td><td>0.4</td></tr>
<tr><td>14</td><td>551</td><td>550</td><td>0.5</td></tr>
<tr><td>15</td><td>501</td><td>500</td><td>0.7</td></tr>
<tr><td>16</td><td>450</td><td>450</td><td>0.3</td></tr>
<tr><td>17</td><td>400</td><td>400</td><td>0.3</td></tr>
<tr><td>18</td><td>350</td><td>350</td><td>0.4</td></tr>
<tr><td>19</td><td>301</td><td>300</td><td>0.7</td></tr>
<tr><td>20</td><td>251</td><td>250</td><td>0.8</td></tr>
<tr><td>21</td><td>200</td><td>199</td><td>0.4</td></tr>
<tr><td>22</td><td>151</td><td>150</td><td>0.7</td></tr>
<tr><td>23</td><td>101</td><td>100</td><td>0.6</td></tr>
<tr><td>24</td><td>51</td><td>50</td><td>0.7</td></tr>
<tr><td>25</td><td>5</td><td>5</td><td>0.4</td></tr>
</table>

带载位移同步性试验数据如表 4.6-6～表 4.6-8 所示。

带载位移同步性试验数据（2000kN）　　表 4.6-6

检验项目	1 号千斤顶（0201）荷载：2000kN（±8%） 2 号千斤顶（0200）荷载：0kN				
	序号		0201 号顶位移（mm）	0200 号顶位移（mm）	位移差绝对值（mm）
位移同步性（带载）	活塞顶出	1	4	5	0.6
		2	49	50	0.7
		3	100	101	0.7
		4	150	151	0.6
		5	199	200	0.4
		6	250	251	0.7
		7	300	300	0.7
		8	350	351	0.7
		9	400	400	0.3
	活塞回程	10	349	350	0.9
		11	301	302	1.0
		12	250	251	0.8
		13	200	201	0.8
		14	150	151	0.8
		15	100	101	0.8
		16	50	51	0.9
		17	7	7	0.6

带载位移同步性试验数据（4000kN）　　表 4.6-7

检验项目	1 号千斤顶（0201）荷载：4000kN（±8%） 2 号千斤顶（0200）荷载：0kN				
	序号		0201 号顶位移（mm）	0200 号顶位移（mm）	位移差绝对值（mm）
位移同步性（带载）	活塞顶出	1	6	6	0.7
		2	50	50	0.5
		3	100	100	0.7
		4	149	150	0.8
		5	199	200	0.5
		6	250	251	0.3
		7	300	301	0.6
		8	350	350	0.5
		9	399	400	0.5

续表

检验项目	1 号千斤顶（0201）荷载：4000kN（±8%） 2 号千斤顶（0200）荷载：0kN				
	序号		0201 号顶位移（mm）	0200 号顶位移（mm）	位移差绝对值（mm）
位移同步性（带载）	活塞回程	10	350	351	0.8
		11	300	301	0.8
		12	250	251	0.3
		13	200	201	0.5
		14	150	151	0.8
		15	99	100	0.8
		16	50	51	0.8
		17	3	4	0.6

带载位移同步性试验数据（5000kN） 表 4.6-8

检验项目	1 号千斤顶（0201）荷载：5000kN（±8%） 2 号千斤顶（0200）荷载：0kN				
	序号		0201 号顶位移（mm）	0200 号顶位移（mm）	位移差绝对值（mm）
位移同步性（带载）	活塞顶出	1	5	5	0.4
		2	50	50	0.3
		3	99	100	0.6
		4	150	150	0.3
		5	199	200	0.7
		6	250	250	0.6
		7	299	300	0.4
		8	349	350	0.4
		9	400	401	0.3
	活塞回程	10	350	351	0.9
		11	299	300	0.9
		12	250	251	0.3
		13	200	201	0.4
		14	150	150	0.7
		15	100	100	0.7
		16	50	50	0.9
		17	4	5	0.7

根据试验结果，在千斤顶活塞顶出和回程的过程中，两台千斤顶的活塞伸出量差值（绝对值）均不超过 1mm，即位移同步性误差达到设计要求的±1mm。

4.7　使用说明书

4.7.1　逆向拆除液压同步移位控制系统使用说明书

1）用途与特点

逆向拆除液压同步移位控制系统是一套计算机控制液压设备完成预定指令操作的智能系统，能够实现逆向拆除时结构荷载的支撑、下降过程控制、监测位移、压力等数据变化、预警、液压千斤顶自动锁紧等功能。

逆向拆除液压同步移位控制系统是基于计算机控制的电气控制系统、信息采集系统、液压驱动控制系统的综合应用，该项技术集机械、电气、液压、自动化、计算机、传感器和控制功能为一体，能够在复杂的施工现场自动完成重大工程施工。

2）技术性能（表 4.7-1）

逆向拆除液压同步移位控制系统技术参数　　　　表 4.7-1

参数名称	参数值
系统名称	逆向拆除液压同步移位控制系统
承载能力	可扩展至 3 万 t 以上
同步误差	±1mm
单一泵站电机功率（kW）	63
单一泵站额定流量（L/min）	58

3）使用方法

（1）首先应熟悉本使用说明，根据工程设计中结构的重量及其他条件确定本系统是否满足使用要求，切忌超载运行。

（2）系统连接。包括液压油路、强电线缆、弱电线缆（监测信号数据线）的合理布局与连接，避免强弱电之间的相互干扰。通信系统正确连接后，通信正常时指示灯变绿，通信故障时指示灯变红。

（3）控制界面说明（图 4.7-1）

①节点设置。可以选择需要连接的控制泵站及液压千斤顶，选中设备的背景颜色为彩色，未选中设备的背景为灰色。

②泵站启动。每台泵站有两个独立的启动开关泵 A 和泵 B，启动时分别启动，防止供电系统因启动电流过大而引起过载保护。启动后指示条变为绿色，未启动指示条为灰色。

③高差设置。可以设定各液压千斤顶行程的最大高差值，以及自锁螺母监测信号的最大高差值。高差值设定在允许误差范围以内，控制系统会根据实时监测数据，自动调整控制状态。

④报表记录。自动采集、记录控制过程的各种数据。

⑤位移曲线。根据保存的数据自动生成过程控制曲线。

⑥操作按键。伸缸和缩缸按钮分别控制液压千斤顶的顶出和退回。

⑦置零。位移信号清零。

⑧置位。参与工作的设备恢复原始状态。

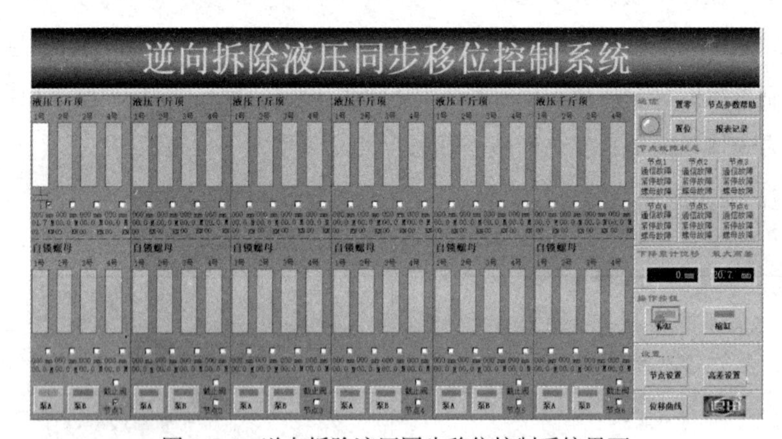

图 4.7-1　逆向拆除液压同步移位控制系统界面

4）维修保养

（1）应定期对控制设备、液压系统（千斤顶、泵站、油管、油表）进行检查与维护。

（2）泵站系统的供油建议选用抗磨液压油，油液应严格保持清洁，经常精细过滤，定期更换。

（3）安装油管时，接口部位应清洗、擦拭干净。严格防止灰尘、颗粒物进入油路。油管拆除后，千斤顶及油管应及时安装防尘帽。

（4）千斤顶的外露工作面要保持清洁，工作完毕后应将活塞回程到底，防止活塞或缸体外露划伤。使用中如发现有漏油、活塞或缸体表面划伤等现象时，应停止使用，必要时拆检和更换零部件。

（5）初次使用或久置后的千斤顶，因油缸内有较多空气，开始使用时活塞可能出现跳跃或反弹现象。使用前应空载反复运行几次，排除油腔内空气后即可正常使用。

（6）整套设备带有压力工作时，严禁拆卸液压系统中的任何零部件。

5）易损配件（表 4.7-2）

易损配件　　　　表 4.7-2

序号	名称	损坏形式	备注
1	液压千斤顶内密封圈	老化或压力损坏	定期检查与更换
2	电磁阀密封圈	老化或压力损坏	定期检查与更换
3	压力传感器	磕碰或压力损坏	定期校准与更换
4	位移传感器	磕碰或外力破坏	定期校准与更换

4.7.2　逆向拆除用千斤顶使用说明书

1）用途

本设备（YSDT 12000-800 千斤顶）是建筑逆向拆除的专用设备，用于施工时支顶建筑结构并承担荷载，承载的同时逐渐回落，实现逆向拆除，也可用于其他工程的顶升施工。

2）技术参数（表 4.7-3～表 4.7-6）

千斤顶技术参数　　　　表 4.7-3

名称	参数
高压腔额定压力	60MPa
回程腔许用压力	20MPa
额定载荷	12000kN
行程	800mm
高压腔活塞面积	$2167.5 \times 10^{-4}m^2$
回程腔活塞面积	$191.44 \times 10^{-4}m^2$
面积比	11.3：1
外形尺寸（不包含防尘罩）	904mm × 1052mm × 1770mm
外形尺寸（包含防尘罩）	ϕ1200mm × 1770mm
主机净重（不包含油、防尘罩、阀、马达）	4620kg
工作状态重量（含油、防尘罩）	4820kg
配套平衡阀的公称流量	20L/min
由平衡阀决定的千斤顶最大速度	92mm/min
由千斤顶及平衡阀决定的回程油路许用最大供油流量	1.77L/min
液压马达型号	BMP-50
液压马达额定压力	14MPa

续表

名称	参数
液压马达扭矩	89N · m
液压马达排量	52.9mL/r
液压马达转速范围	10～800r/min
液压马达最大流量	40L/min

压力传感器技术参数 表 4.7-4

名称	参数
型号	MPM489[0-70]E22B1C5S
量程	70MPa
供电	24V DC
输出	4～20mA
螺纹接口	M20 × 1.5

测量活塞位移的磁致伸缩位移传感器技术参数 表 4.7-5

名称	参数
型号	MDD776Z0850H021A01
量程	0～850mm
供电	24V DC
输出	4～20mA

测量螺母位置的位移传感器技术参数 表 4.7-6

名称	参数
型号	KTR-1（0～100）
量程	0～100mm
输入	24V DC
经变送模块转换后输出	4～20mA

3）千斤顶结构

如图 4.7-2 所示，千斤顶由千斤顶主机、平衡阀组、锁紧螺母、液压马达驱动装置、测量活塞伸出量的磁致伸缩位移传感器及安装附件、测量螺母位置的位移传感器及安装附件、测量压力的压力传感器、防护罩等部分组成。

在平衡阀组中，靠近油缸底部的油口为回程控制油口，应控制该油口的工作压力不超过 20MPa。靠近油缸上部的油口为高压油口，该油口的压力主要由负载大小决定，但应控制在额定压力 60MPa 以内。

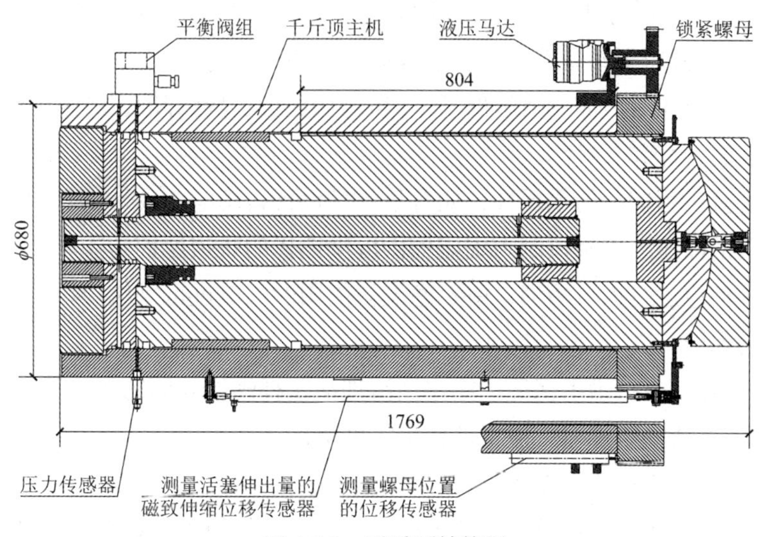

图 4.7-2　千斤顶结构图

4）安全与使用

（1）使用前应先进行空载往复运行试验，运行正常后进行试加载，检查设备情况，正常无泄漏方可正式使用。

（2）设备运行时，特别是液压马达运转时不得有人员靠近齿轮啮合位置，防止人员受到伤害。设备检修或调试时，应注意附近人员的安全。

（3）使用前应对位移传感器进行标定。

（4）禁止超行程使用。工作行程应留有不少于 10mm 的安全余量，避免满行程操作时出现失误导致设备损坏。

（5）应保证锁紧螺母的位置始终不脱离安装在液压马达上的小齿轮的有效啮合范围。

（6）松螺母之前应先进行解锁工作，使螺母与缸筒之间不存在接触压力，确保螺母松动方可松螺母。

（7）活塞杆螺纹应保持润滑良好。

（8）锁紧螺母设有手动旋转用扳杆插孔，如遇到工作过程中突然停电的情况，可以把安装在液压马达上的小齿轮摘掉，然后利用人力旋转锁紧螺母，确保机械锁紧有效进行。千斤顶自带的平衡阀可起到短时持荷作用，长期持荷务必采用机械锁紧。

（9）施工和搬运时应利用叉耳进行整机吊装。其他吊装孔或吊具只能用于零部件的吊装，不可用于整机吊装。

（10）系统油温应在 0～55℃之间。

（11）为保证设备安全运行，液压系统应设置可靠的安全阀。其中液压马达、高压油路、回程油路应分别使用各自独立的安全阀，并设置不同的保护压力。

（12）千斤顶自带的平衡阀是重力荷载作用下回落时用来防止失速的，液压泵站上应设置可靠的千斤顶工作位置保持功能。

（13）当由于荷载或温度发生变化，使得压力传感器检测的千斤顶压力超过工程允许值或设备允许值时，液压泵站及控制系统应有适当的响应功能。

（14）电气系统应有可靠的接地保护，应满足电磁兼容性标准，或采用强电弱电分离、信号与控制、动力分离的设计。

（15）考虑到工程安全的重要性，如有条件宜设置备用电源或采用双回路供电。

（16）配套的液压泵站及控制系统应提供可供选择的联锁保护功能。

（17）施工前应进行人员培训，由熟悉设备使用的人员进行操作。

5）维护与保养

（1）设备应定期进行维护保养，应定期清理活塞杆螺纹表面的灰尘等杂物。

（2）更换零件或密封件时，应保证各个零件清洗干净。

（3）设备的管理维修应由专人负责。

（4）当设备液压系统某部分发生故障时，要及时分析原因并处理，不可勉强运转，以免造成大事故。

（5）经常监控系统工作状况，观察工作压力，并按时记录。

（6）使用前应进行试运行和必要的检查工作。

（7）使用过程中应进行适当的观察，如发现设备有异响、漏油、划伤、动作不正常等现象，应停止工作，排除故障，避免出现施工事故或扩大设备故障。

6）注意事项

（1）不得在带压状态下拆卸油管等液压系统中的任何零部件。

（2）竖向吊运时应使活塞杆处于缩回的状态，应避免在重心高于叉耳中心的状态下进行吊运。

（3）应定期检查各处螺钉。

（4）吊运前应先检查所吊运的设备、零部件的吊点、所用的吊具是否安全可靠，并采取有效的安全措施。人员不得站在设备之下，吊运轨迹下面有人员时不得吊运。

7）千斤顶照片（图 4.7-3～图 4.7-8）

图 4.7-3　千斤顶主机活塞回程

图 4.7-4　千斤顶主机活塞顶出

图 4.7-5　千斤顶主机防护罩

图 4.7-6　液压马达

图 4.7-7　平衡阀组

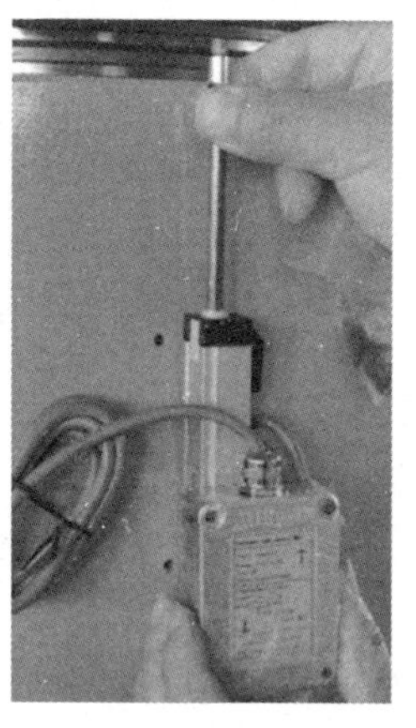

图 4.7-8　位移传感器（测量锁紧螺母位置）

8）装箱单

主机，附件包装箱，防护罩。

参考文献

[1] 陈茜, 张强, 梁存之. 逆向拆除液压同步移位控制系统研究报告[R]. 北京: 建研科技股份有限公司, 2021.

[2] 陈茜, 张强, 马君彪, 等. 高层建筑逆向拆除液压同步移位控制系统的设计研究[J]. 建筑科学, 2021, 37(1): 133-140.

[3] 梁存之, 赵基达, 冯大斌. 移位建造特性与关键技术研究[J]. 建筑科学, 2020, 36(11): 1-8.

[4] 张强, 于滨, 朱莹, 等. 深圳大运中心主体育场钢结构支撑胎架同步卸载技术[J]. 施工技术, 2011, 40(349): 33-36.

[5] 徐义友, 吴定安. 液压顶升的机械保护机构: 201020644116. 6[P]. 2011-10-05.

[6] 成大先. 机械设计手册: 第 3 卷[M]. 4 版. 北京: 化学工业出版社, 2002.

[7] 成大先. 机械设计手册: 第 4 卷[M]. 4 版. 北京: 化学工业出版社, 2002.

[8] 国家质量监督检验检疫总局. 液压千斤顶: JJG 621—2012[S]. 北京: 中国质检出版社, 2012.

第 5 章

全过程模拟分析

逆向拆除施工时，建筑处于不断移动的过程，受多种因素的影响，结构的内力与变形都比较复杂，了解和掌握结构实时受力与变形状态、防范和化解风险、保证逆向拆除施工期间的安全，有必要对施工全过程进行模拟分析。

5.1　风险与管控

5.1.1　逆向拆除风险

建筑结构形式多样，需配套不同的拆除方案，再加上拆除现场环境多变，因此拆除过程中风险因素多，一旦发生事故，后果往往比较严重。

逆向拆除是在建筑底层利用竖向转换结构与液压千斤顶交替支撑整栋建筑，施工工期往往需要几个月甚至1年。在拆除施工过程中，由于竖向移动不同步、千斤顶出现故障、转换构件损伤、外界作用发生改变、结构整体倾斜等因素，在施工过程中可能出现风险，下面从待拆除结构、转换构件、逆向拆除设备、荷载四个方面分析逆向拆除可能存在的风险。

1）待拆除结构

（1）参与逆向拆除转换的构件，如框架梁、框架柱、剪力墙等，这些构件参与转换受力，混凝土可能发生老化或存在其他缺陷，但现场踏勘和检测时并未发现，参与转换的构件实际受力也可能超出预期，有可能发生强度破坏或失稳破坏，结构的变形、裂缝可能超出控制范围。

（2）待拆除结构框架柱下端被截断，柱下部约束条件发生变化，计算长度系数增加，在原结构内力作用下可能造成失稳破坏。

（3）钢筋混凝土构件在与千斤顶接触面、与临时支撑等转换构件接触面可能发生混凝土局部受压破坏。

（4）建筑下降过程中，柱底支座发生较大的不同步位移，造成待拆除结构的内力发生重分布，构件内力可能会超出其承载力。

2）转换构件

逆向拆除施工中的临时支撑是一个超静定受力系统，支撑内力受到支撑自身刚度、底部支承刚度的影响，实际受力状态可能与理论计算存在差异，造成实际承载超出自身能力，引起强度破坏或失稳破坏。

3）逆向拆除设备

（1）液压千斤顶、液压泵站等设备可能出现密封圈损伤漏油等设备故障导致出现不能正常工作的情况。

（2）多台液压千斤顶在竖向下降过程中位移并未达到精确同步，位移同步误差大，引起待拆除结构的附加内力，可能造成待拆除结构损伤破坏、结构倾斜甚至倒塌。

（3）供电设施突然出现故障，导致千斤顶和液压泵站突然停止工作。

4）荷载

（1）由于待拆除结构的建造误差、使用期的装修改造等原因，自重等竖向荷载与理论计算偏差较大。

（2）风荷载、地震作用具有随机性，并且容易受到场地环境的影响，实际作用可能超出预期。

（3）偶然碰撞。逆向拆除施工过程中结构的切割破碎、垃圾的清理运输，均需使用机械和车辆，操作过程中可能会碰撞结构及逆向拆除装备，给施工现场带来风险。

5.1.2 全过程仿真模拟

现场加强监测是对逆向拆除施工存在的风险进行管理的有效手段之一，施工过程中的结构位移可以通过位移计等测量仪器获得，倾斜可以通过倾角仪获得，构件内力可以通过应力或应变测试仪器获得，但这些监测的设备仪器数量有限，只能布置在主要构件、主要观测点上，难以全面反映结构的工作状态。因此，在有限的监测数据下，保证逆向拆除施工期间的安全，降低监测费用，了解与掌握逆向拆除待拆除结构以及转换结构的内力和变形实时状态，需要对逆向拆除进行全过程施工模拟分析。

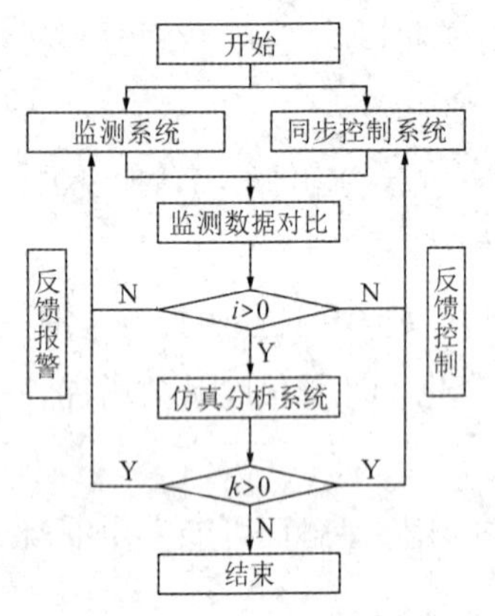

图 5.1-1 逆向拆除系统流程图

逆向拆除全过程模拟分析离不开液压同步移位控制系统和现场监测系统，三部分协同工作的流程图如图 5.1-1 所示。三部分的协同工作原理是：液压同步移位系统监测千斤顶位移与反力数据，监测系统监测结构的位移、倾角及应力应变数据，仿真分析系统则根据施工现场采集的位移、倾角、应变、千斤顶反力等监测数据实时对比分析，将结构状态导入结构计算分析模型，实时分析结构的内力与变形，并自动将判断结果反馈给液压同步移位控制系统和监测预警系统，保证逆向拆除施工全过程安全。如果计算得到的构件内力大于构件承载力，反馈数据给液压千斤顶同步移位控制系统，触发停止指令；同时反馈给监测系统，触发报警装置以进行现场处置，情况紧急时撤离现场施工人员。

需要强调的是，监测系统的监测数据作为全过程模拟分析的基础输入数据，数据准确与否对施工现场安全性判定起着至关重要的作用，但现场环境复杂、监测人员业务水平和素质参差不齐，会影响监测结果的准确性，一定要对监测数据进行比对，不能不加甄别地使用。如果发现异常数据，要对现场监测工作进行检查和纠正。

5.2 软件编制

5.2.1 软件选择和流程图

施工是连续进行的，监测数据也在时时更新，施工全过程模拟分析需要实时同步进行，这种连续性和同时性的要求只能通过编制软件自动运行来实现。

逆向拆除全过程仿真分析程序 RDP（Reverse Demolition Program）基于有限元分析程序 SAP2000，采用软件 Python 进行编程开发。

SAP2000（Structural Analysis Program 2000）是美国软件公司 CSI（Computer and Structure Inc.）研制的通用结构分析与设计软件，内嵌了美国、欧洲及中国的结构设计标准规范，在全球范围内应用广泛。通过 SAP2000 API（Application Programing Interface），用户可编写程序控制 SAP2000，调用 SAP2000 中的各种功能，实现自动建模、自动分析、自动调整参数、迭代运行等。

逆向拆除全过程仿真分析程序 RDP 的流程图如图 5.2-1 所示，主界面如图 5.2-2 所示。

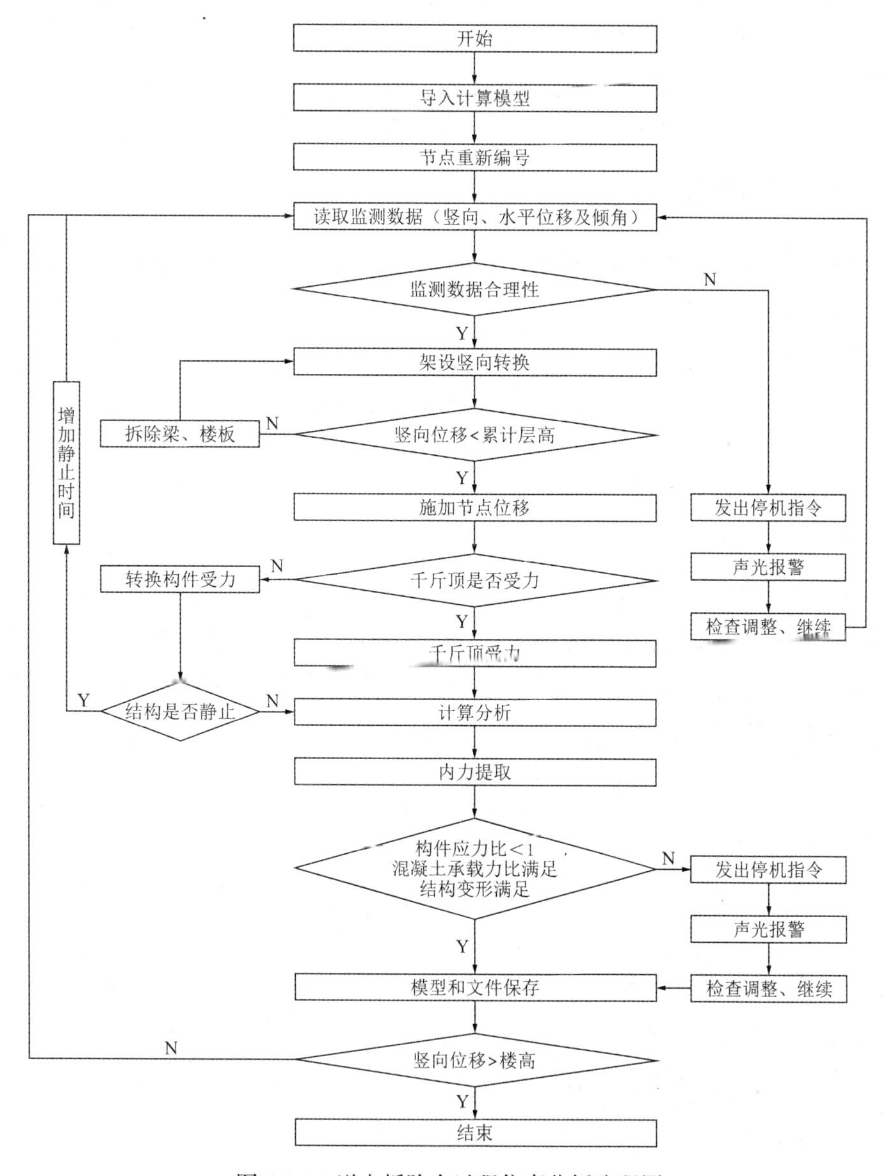

图 5.2-1 逆向拆除全过程仿真分析流程图

图 5.2-2 逆向拆除全过程仿真分析程序 RDP 主界面

5.2.2 千斤顶模拟

逆向拆除施工中液压千斤顶仅受压力不受拉力，在 SAP2000 模型中采用 GAP 单元模拟千斤顶与切割面的接触关系。

GAP 单元数学公式如下：

$$f=\begin{cases}k(d+\text{open}) & ,d+\text{open}<0\\ 0 & ,d+\text{open}\geqslant 0\end{cases}\tag{5.2-1}$$

式中：k——弹簧刚度系数；

d——位移；

open——初始缝隙值，取 0。

实际上，液压千斤顶竖向是可移动的，模拟时采用两节点连接，将 GAP 单元下节点约束 6 个自由度，同时在上节点施加强制节点位移模拟千斤顶活塞位移。GAP 单元参数设置时需将竖向位移设置成非线性（图 5.2-3）。

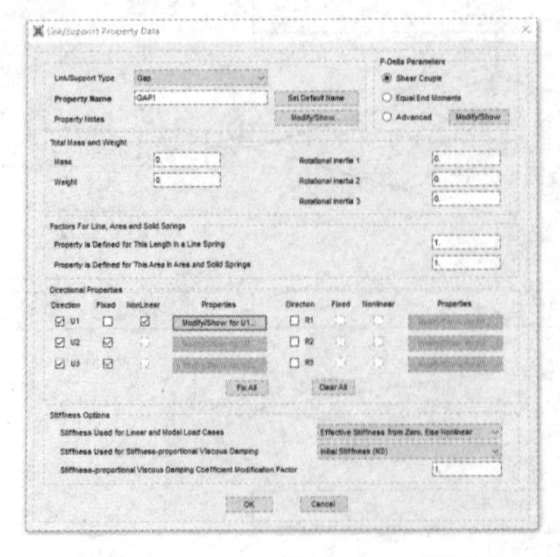

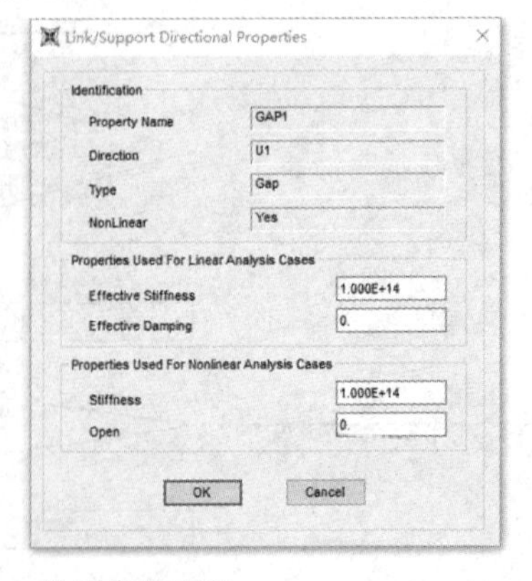

图 5.2-3 模型中 GAP 单元参数定义

5.2.3 竖向位移模拟

逆向拆除是上部结构不断下降的施工过程，竖向位移随拆除过程逐渐增加，最终达到建筑高度。软件模拟逆向拆除全过程下降位移时，采用对节点施加强制位移的方式。

5.2.4 分析时间间隔

在使用监测系统的支座位移数据时，会碰到分析计算时间间隔Δt的问题。

监测系统的采样时间间隔一般是 0.02s，分析系统的计算耗时与待拆除结构大小（单元数量）、计算机的性能密切相关，通常一个模型的计算分析耗时要以分钟计，显然不能将采样间隔作为分析时间间隔，否则基于上一时刻监测数据的模拟分析还没完成，下一时刻的监测数据已经出来了，根本来不及输入分析软件。可行的做法是先试运行，统计模型运行一次所需要的时间，以此时间间隔作为仿真分析计算的时间间隔，等间隔跳跃使用位移监测时程中的数据。

5.2.5 主要功能

逆向拆除施工全过程仿真分析程序 RDP 主要有以下功能：

1）调用和处理 SAP2000 模型

程序运行时调用 SAP2000 程序。在调用之前，要求对 SAP2000 模型的荷载、设计参数、构件截面、配筋等均已复核完成。首先判断 SAP2000 模型是否为首次调用，判别的依据是节点编号：如果节点最小编号>100000000，则表明 SAP2000 模型已经被调用过；如果节点最小编号$\leqslant 100000000$，则判断为首次被 RDP 程序调用。

首次调用的情况下，对 SAP2000 模型进行处理。柱上、下端节点重新编号为$100000000+i$，i为原编号，竖向转换构件标签为“f1-编号”和“f2-编号”，竖向转换下节点标签为“REST1-编号”和“REST2-编号”。对分析模型中节点进行重新编号的目的是方便与监测数据建立一一对应的关系。

2）读取和处理实时监测数据

（1）编写软件接口，读取监测数据，并对多种监测方式得到的监测数据进行对比。如果数据的差异超出合理范围，则进行现场检查，排查异常数据。

（2）判断结构处于下降还是静止状态。对读取的实时（t时刻）竖向位移数据与上一时刻（$t-\Delta t$时刻）的数据进行比较，如果数据相同，则意味着支座并未发生新的位移，判断结构处于静止状态，RDP 程序不进入模型分析阶段，并对静止时间进行累计，在 RDP 页面上输出静止时间。

（3）自动进行 SAP2000 分析计算。如果读取的实时（t时刻）竖向位移数据与上一时刻（$t-\Delta t$时刻）的数据不同，则意味着结构处于移动状态，以节点位移的形式自动输入分析模型，进行结构分析，并根据计算得到的内力验算构件承载力是否满足要求。

（4）去掉非受力单元。程序根据千斤顶反力数值判断是千斤顶受力还是临时支撑受力，同时去掉非受力单元。

（5）判断是否进入下一层转换分析。如果判断累计的降落高度大于楼层高度，程序自动增加一次转换次数，进入下一层转换分析。

3）分析计算

（1）根据竖向位移监测数据，调用 SAP2000 计算分析待拆除结构、转换构件的内力和变形以及千斤顶的受力。

（2）验算构件承载力。对于钢筋混凝土构件，自动读取构件截面、配筋、材料强度等信息，反算构件承载力，与 SAP2000 计算得到的构件内力进行比较，判断构件承载力是否满足要求；对于钢结构构件，根据构件的应力比判断构件受力是否超出自身承载力。

（3）计算分析时，RDP 根据降落高度自动判断是否进入下一层逆向拆除，不需要人工指定逆向拆除所在楼层。

4）结果输出

（1）RDP 主页面显示已经降落到哪层和本层的降落次数。

（2）自动显示监测数据异常点位，便于施工现场进行排查。

（3）当构件内力超出承载力、变形超出预先设定的阈值时，系统自动反馈超标的指标、对应的构件编号，同时输出相关信息给液压控制系统与监测系统。

（4）程序关机重新启动后，可以将计算模型自动调整到对应的施工状态。

5.3 前处理与初始化

5.3.1 SAP2000 模型前处理

（1）定义构件和工况

在 SAP2000 中将竖向转换构件命名为“tempcolumn”，抗侧墙命名为“walllateralresisting”，水平荷载传递架命名为“horizontaltransfer”，恒荷载工况命名为“DEAD”。

（2）定义模型组

在 SAP2000 中定义楼层组、框架柱组及节点组。

楼层组号定义为：C-数字，数字从 1 开始，按照楼层从低到高依次增加；框架柱组号定义为：CF-数字，数字从 1 开始，按照框架柱所属楼层从低到高依次增加；框架柱上、下节点组号定义为：CP-数字，数字从 1 开始，按照楼层从低到高依次增加（图 5.3-1）。

节点组个数比楼层组和框架柱组多一个，为参数读取方便，将楼层组与框架柱组个数增加 1 个，最后一组无任何构件，为空组。

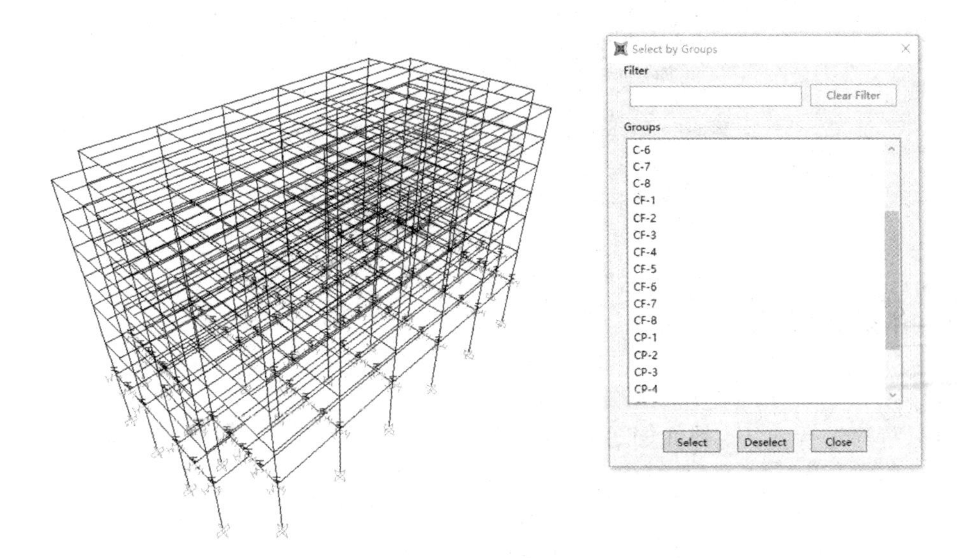

图 5.3-1　SAP2000 模型组定义

5.3.2　输入文件准备

在工作目录下创建如表 5.3-1 列出的输入文件夹，并放入相对应的数据文件，存放的文件均为 txt 格式。

输入文件　　**表 5.3-1**

文件夹	存放文件
verticaldistance	结构竖向位移监测数据文件
jackdistance	液压千斤顶竖向位移数据文件
jackforce	液压千斤顶反力数据文件
tempstrain	临时支撑应变监测数据文件
horizontaldistance	抗侧结构顶部水平位移监测数据文件
horizontalframestrain	抗侧结构应变监测数据文件
parameter	截面、材料等数据文件

5.3.3　程序启动

将 RDP 程序和 SAP2000 计算模型一起放入工作文件夹（图 5.3-2），双击即可启动 RDP 程序。

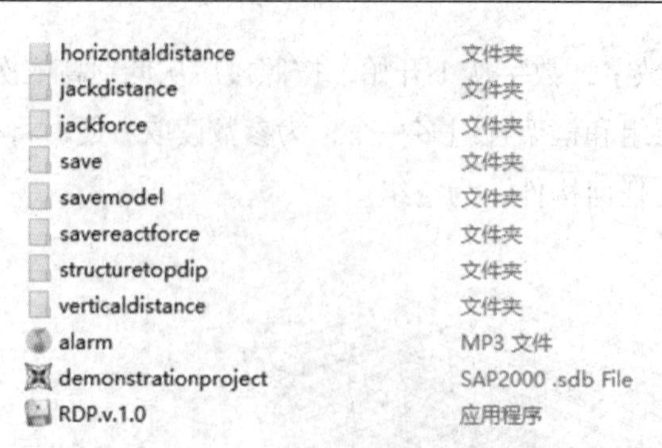

图 5.3-2　工作文件夹部分目录和文件

5.4　软件运行

RDP 程序运行后，主界面如图 5.4-1 所示。

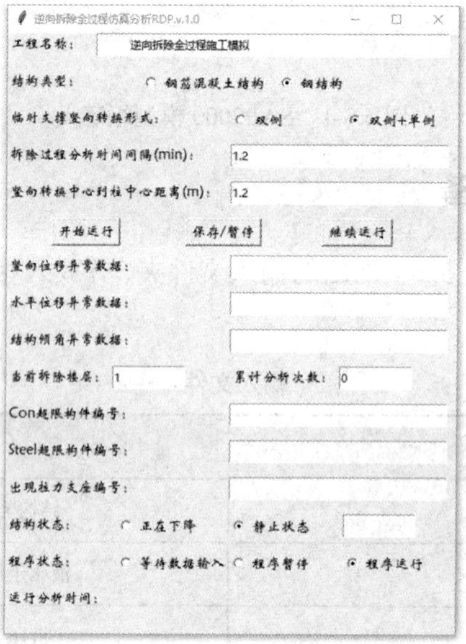

逆向拆除全过程仿真分析RDP.v.1.0
工程名称：逆向拆除全过程施工模拟
结构类型：钢筋混凝土结构　钢结构
临时支撑竖向转换形式：双侧　双侧+单侧
拆除过程分析时间间隔(min)：1.2
竖向转换中心到柱中心距离(m)：1.2
开始运行　保存/暂停　继续运行
竖向位移异常数据：
水平位移异常数据：
结构倾角异常数据：
当前拆除楼层：1　累计分析次数：0
Con超限构件编号：
Steel超限构件编号：
出现拉力支座编号：
结构状态：正在下降　静止状态
程序状态：等待数据输入　程序暂停　程序运行
运行分析时间：

图 5.4-1　RDP 程序主界面

1）输入项和选择项

主界面可输入工程名称、拆除过程分析时间间隔Δt、临时支撑竖向转换中心到柱中心距离，选择待拆除结构类型、竖向转换形式等。

第一次运行时在当前拆除楼层输入 1，累计分析次数输入 0，以后再运行时自动读取运行记录，不需要输入。

2）显示项

（1）主界面显示异常的竖向位移、水平位移、倾角等监测数据，方便现场排查。

（2）显示当前拆除楼层、累计分析次数。

（3）显示构件承载力不满足的构件编号。

（4）显示支座出现拉力的支座编号。

（5）显示结构所处状态：正在下降还是静止。如果判断为静止状态，RDP 程序不调用 SAP2000 进入模型计算分析阶段，并在主页面上更新显示静止状态累计时间，继续读取监测数据。

（6）显示 RDP 程序所处状态：正在运行、暂停、等待数据输入。

3）控制按钮

（1）“运行”按钮。

（2）“暂停/保存”按钮。在等待数据输入时间内可点击此按钮，暂停程序运行，并将模型文件自动保存在 RDP 程序同一目录下的 savemodel 文件夹中。

（3）“继续运行”按钮。程序暂停后，可点击此按钮，进行下一步分析。程序自动对累计位移和建筑高度对比判断，当累计位移到达建筑高度后，程序将自动停止运行，同时弹出提示框显示“结构分析结束”。

5.5 模拟案例

5.5.1 案例概况

模拟案例来自北京某酒店工程，地上 25 层，主要功能为酒店客房，地下 3 层，主要功能为车库和设备用房，总建筑面积 33772m^2，建筑高度 89m。标准层建筑面积为 1257m^2，标准层层高为 3.3m，地面以上层高从下到上依次为：4.7m、5.0m、3.3m × 21、4.3m、5.65m。

主体结构采用钢框架结构，地下 1 层～地上 2 层为钢骨混凝土结构，3 层及以上为纯钢结构。基础埋深 14.33m，钢柱地脚螺栓标高−6.83m，结构平面布置如图 5.5-1 所示。

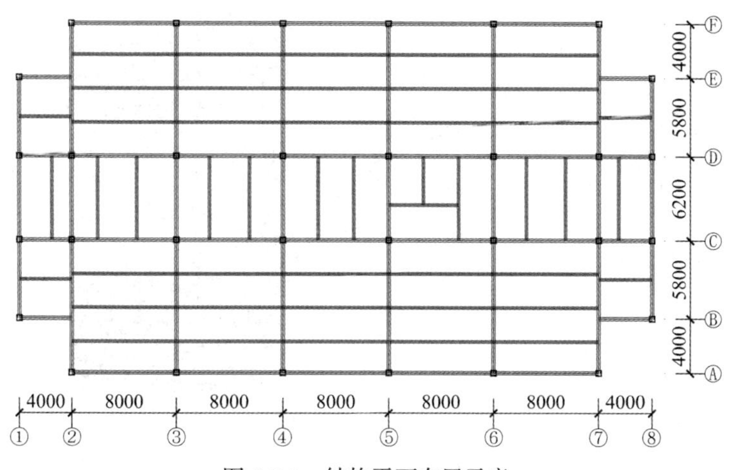

图 5.5-1 结构平面布置示意

框架柱截面：3～10 层为□450 × 450 × 40 × 40mm，11～14 层为□450 × 450 × 32 × 32mm，15～17 层为□450 × 450 × 28 × 28mm，18～20 层为□450 × 450 × 25 × 25mm，21～23 层为□450 × 450 × 22 × 22mm，24～25 层为□450 × 450 × 19 × 19mm。

框架梁截面：3～10 层为 H650 × 250 × 12 × 32mm，11～14 层为 H650 × 450 × 12 × 25mm，15～17 层为 H650 × 450 × 12 × 22mm，18～25 层为 H650 × 450 × 12 × 19mm。

钢骨混凝土柱截面：地下 1 层为 1200mm × 1200mm，1～2 层为 850mm × 850mm，钢骨均为□450 × 450 × 40 × 40mm。

钢骨混凝土梁截面：地下 1 层为 500mm × 1100mm，钢骨 H850 × 250 × 12 × 32mm；1～2 层为 500mm × 950mm，钢骨 H650 × 250 × 12 × 32mm。

次梁：H400 × 200 × 8 × 12mm，H300 × 200 × 8 × 12mm。

SAP2000 计算模型如图 5.5-2 所示。

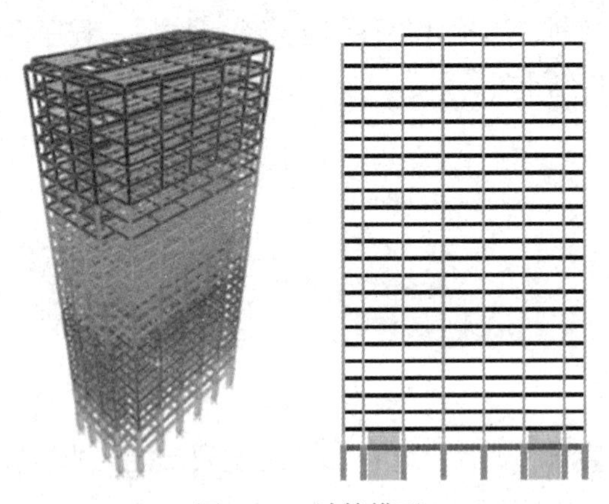

图 5.5-2　计算模型

5.5.2　前处理

定义转换构件、模型组见图 5.5-3 和图 5.5-4。

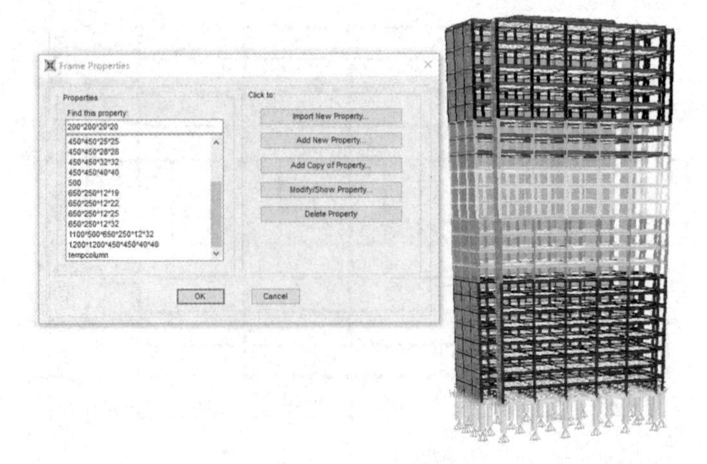

图 5.5-3　定义转构件

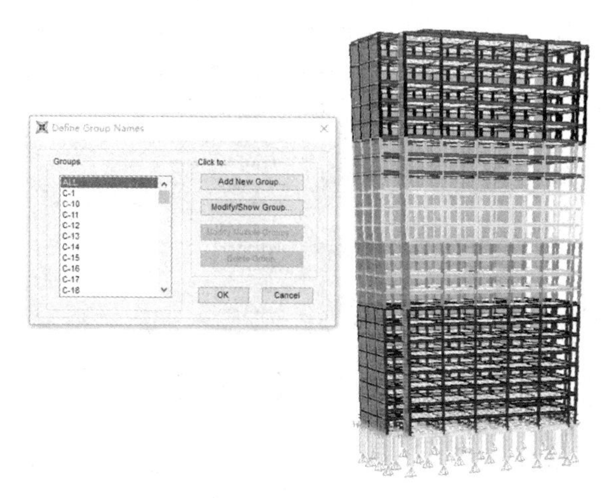

图 5.5-4　定义模型组

5.5.3　拆除过程模拟

模拟的拆除过程如图 5.5-5～图 5.5-10 所示。

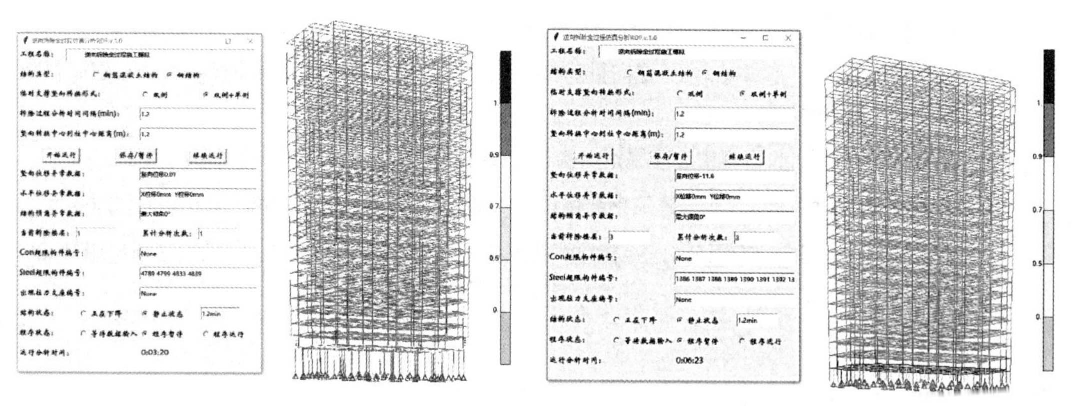

图 5.5-5　拆除第 1 层　　图 5.5-6　拆除第 3 层

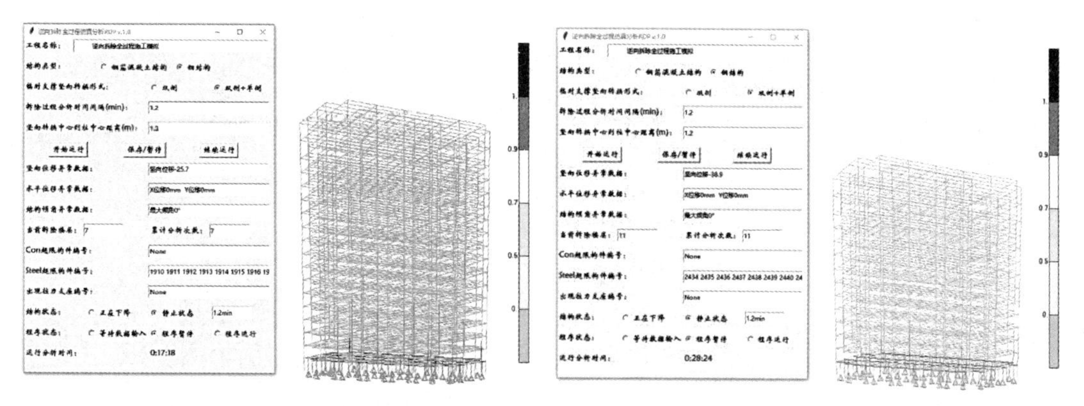

图 5.5-7　拆除第 7 层　　图 5.5-8　拆除第 11 层

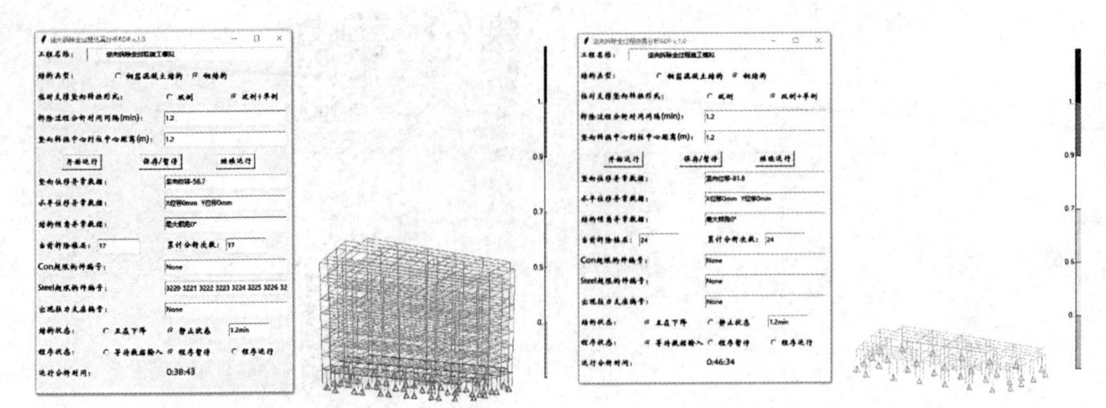

图 5.5-9　拆除第 17 层

图 5.5-10　拆除第 24 层

参考文献

[1] 时继瑞, 马宏睿, 李义龙, 等. 逆向拆除施工全过程仿真分析系统研究报告[R]. 北京: 建研科技股份有限公司, 2021.

[2] 时继瑞, 马宏睿, 李义龙, 等. 逆向拆除施工全过程仿真分析系统说明书[R]. 北京: 建研科技股份有限公司, 2021.

[3] 翟鸿超, 王桂云. 长富宫中心高层钢结构设计[J]. 建筑技术, 1989, 30(12): 6-10.

[4] 陈富生, 邱国桦, 范重. 高层建筑钢结构设计[M]. 2 版. 北京: 中国建筑工业出版社, 2004.

[5] 北京筑信达工程咨询有限公司. SAP2000 技术指南及工程应用[M]. 北京: 人民交通出版社, 2018.

第6章

工程试点与试验

6.1　项目概况

待拆除建筑为某股份有限公司原材料车间，位于贵州省贵阳市，原材料车间与西边的家属楼和员工宿舍仅隔厂区内的一条马路。

原材料车间为 4 层钢筋混凝土框架结构，建筑面积约 9600m²，建筑檐口高度 21.6m。东西向 6 跨，柱距 6m，长约 36m；南北向 8 跨，柱距 8m，长约 64m，单层建筑面积约 2300m²。图 6.1-1 为原材料车间的平面位置图，图 6.1-2、图 6.1-3 为外立面照片，图 6.1-4、图 6.1-5 为内部照片，图 6.1-6、图 6.1-7 为部分设计图纸。

图 6.1-1　原材料车间平面位置图

图 6.1-2　原材料车间北侧外立面

图 6.1-3　原材料车间西侧外立面

图 6.1-4　原材料车间内部（南向）

图 6.1-5　原材料车间内部（北向）

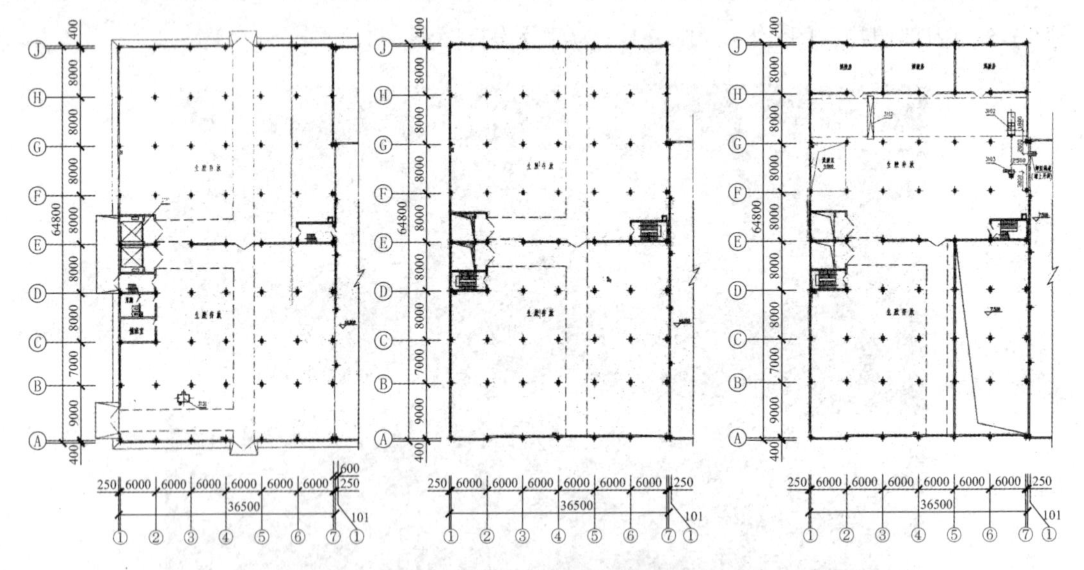

图 6.1-6　原材料车间建筑平面图

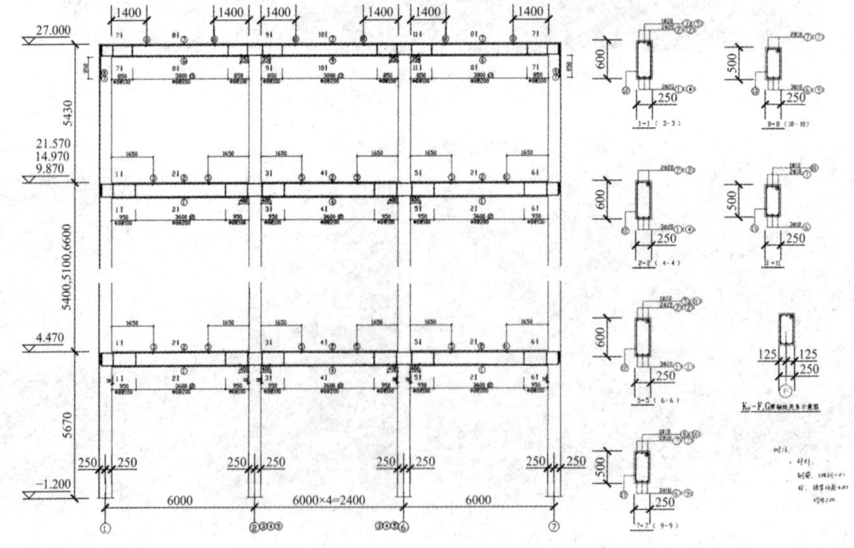

图 6.1-7　原材料车间梁配筋图（局部）

6.2 逆向拆除方案设计

6.2.1 设计依据

（1）主要标准规范

《工程结构可靠性设计统一标准》GB 50153—2008

《建筑结构可靠性设计统一标准》GB 50068—2018

《建筑结构荷载规范》GB 50009—2012

《混凝土结构设计规范》GB 50010—2010（2015版）

《钢结构设计标准》GB 50017—2017

《建筑地基基础设计规范》GB 50007—2011

《建筑工程抗震设防分类标准》GB 50223—2008

《建筑抗震设计规范》GB 50011—2010（2016版）

（2）原设计图纸

建筑设计图、土建施工图、工艺、动力等专业施工图，1997年1月。

6.2.2 设计参数

设计工作年限（拆除工期）：5年。

安全等级：待拆除结构为三级，临时支撑等施工结构为二级。

结构重要性系数γ_0：待拆除结构取0.9，临时支撑等施工结构取1.0。

6.2.3 材料

1）混凝土

根据原设计图纸，1层和2层的梁、板、柱混凝土强度等级为C30，其余部分的结构构件混凝土强度等级均为C20。现场目测表明，主体结构基本完好。

为掌握混凝土的实际强度，现场做了钻芯取样检测。在1层、2层的框架柱和框架梁上分别钻取三个直径80mm的芯样，检测结果表明框架柱混凝土实测强度等级为C26，框架梁实测强度等级为C24，比原设计强度C30均有所降低，混凝土设计参数如表6.2-1所示。

2）钢筋

根据原设计图纸，结构梁、柱等构件纵筋为HRB335，箍筋为HPB235，楼板钢筋为HPB235，钢筋设计参数如表6.2-2所示。

混凝土设计参数　　表 6.2-1

强度等级	标准值（N/mm²）		设计值（N/mm²）		弹性模量 E_c（N/mm²）
	f_{ck}	f_{tk}	f_c	f_t	
C20	13.4	1.54	9.6	1.10	2.55×10^4
C25	16.7	1.78	11.9	1.27	2.80×10^4
C30	20.1	2.01	14.3	1.43	3.00×10^4

钢筋设计参数　　表 6.2-2

钢筋种类	直径（mm）	标准值 f_{yk}（N/mm²）	设计值 f_y、f_y'（N/mm²）	弹性模量 E_s（N/mm²）
HPB235	8～12	235	210	2.1×10^5
HRB335	10～28	335	300	2.0×10^5

3）钢材

逆向拆除竖向转换构件：临时支撑、垫块、垫片材料均采用 Q235B 级钢材，钢材设计参数如表 6.2-3 所示。

Q235 钢材符合《碳素结构钢》GB/T 700—2006 的要求，并符合下列规定：

（1）钢材的屈服强度实测值与抗拉强度实测值的比值不应大于 0.85；

（2）钢材应有明显的屈服台阶，且伸长率不应小于 20%；

（3）钢材应有良好的焊接性和合格的冲击韧性。

钢材设计参数　　表 6.2-3

牌号	厚度（mm）	强度标准值（N/mm²）	强度设计值（N/mm²）	弹性模量 E_s（N/mm²）
Q235	≤16	235	215	2.06×10^5
	＞16～40	235	205	2.06×10^5

6.2.4 荷载

1）恒荷载

（1）楼面附加恒荷载

楼面做法：刷素水泥浆一道、1∶3 水泥砂浆结合层、10mm 厚 1∶2.5 水磨石面层，取 0.65kN/m²

顶棚做法：1∶3 水泥砂浆勾缝、满刮腻子、刷白色乳胶漆，取 0.35kN/m²

楼面附加恒荷载小计：1.0kN/m²

（2）屋面附加恒荷载

20mm 厚水泥砂浆找平层，取 0.4kN/m²

1：6 水泥炉渣找坡 0～320mm 振捣密实，按照 320mm 计算，取 4.4kN/m²
冷底子油一道，热沥青两道，取 0.05kN/m²
60mm 厚沥青珍珠岩保温层，取 0.9kN/m²
15mm 厚 1：3 水泥砂浆找平，取 0.3kN/m²
三毡四油绿豆石，取 0.4kN/m²
顶棚做法：1：3 水泥砂浆勾缝、满刮腻子、刷白色乳胶漆，取 0.35kN/m²
屋面附加恒荷载小计：6.8kN/m²
（3）外墙荷载
240mm 厚砖墙，取 4.56kN/m²
外贴面砖，取 0.5kN/m²
内部 20mm 厚水泥砂浆找平，刷大白，取 0.4kN/m²
外墙荷载小计：5.5kN/m²
2）活荷载
楼面及屋面活荷载取 0.0kN/m²（拆除施工期间不考虑活荷载）
3）雪荷载
基本雪压：0.1kN/m²（10 年一遇）
4）风荷载
基本风压：0.2kN/m²（10 年一遇）
地面粗糙度：C 类
5）地震作用
原结构设计时采用的抗震设计参数如下：
建筑抗震设防类别：丙类
抗震设防烈度：6 度
设计地震分组：第一组
场地类别：Ⅲ类
特征周期：0.45s
设计工作年限取为 5 年，由第 2 章可得地震作用有关设计参数，见表 6.2-4。

地震作用　　表 6.2-4

计算方法	理论法			插值法		
地震	多遇地震	设防地震	罕遇地震	多遇地震	设防地震	罕遇地震
当量地震烈度	2.45	4.41	5.59	2.45	4.41	5.59
地面运动加速度峰值（g）	0.004	0.017	0.038	0.004	0.017	0.049
地震作用影响系数	0.01	0.04	0.08	0.01	0.04	0.11

6）支座位移

在拆除方案设计时假设支座发生一定幅度范围内的位移，分析结构能够承担的最大位移差情况，从而对千斤顶最大承载力及移动误差提出要求。

6.2.5 转换梁设计

根据框架柱的轴力承担情况，采用临时支撑转换，原框架梁作为转换梁（图 6.2-1）。

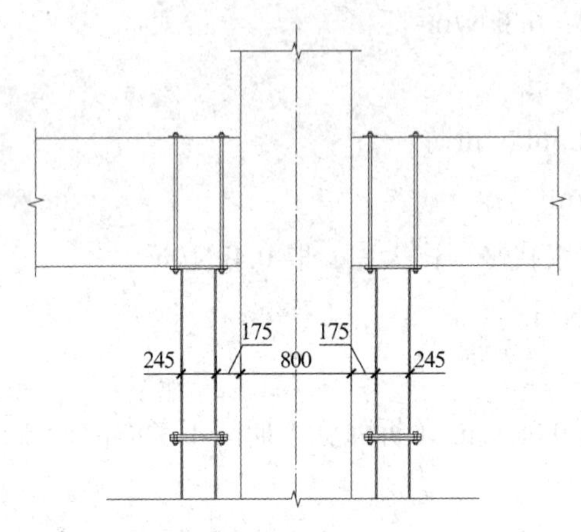

图 6.2-1 竖向转换示意图

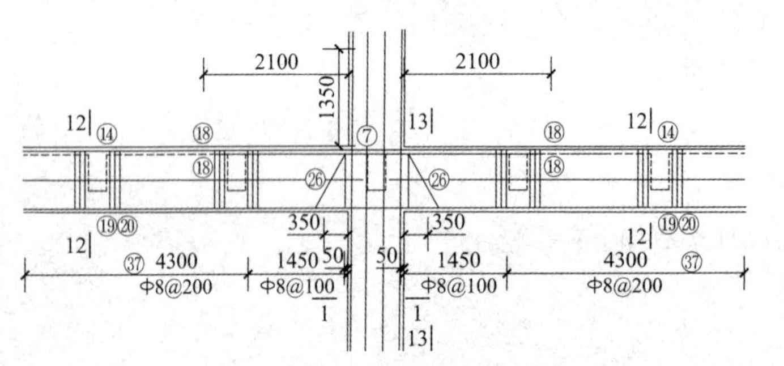

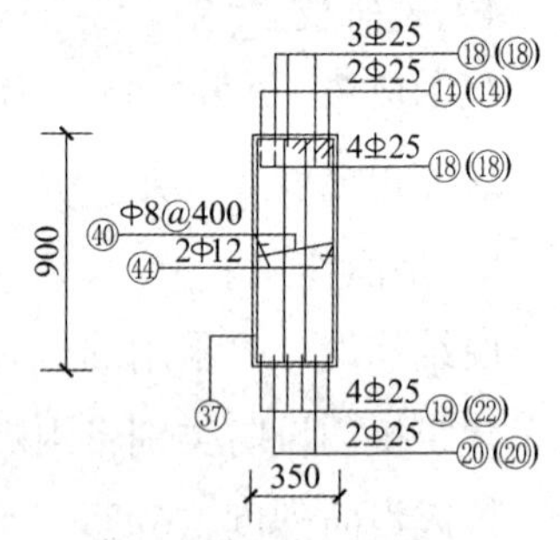

图 6.2-2 框架梁截面及配筋

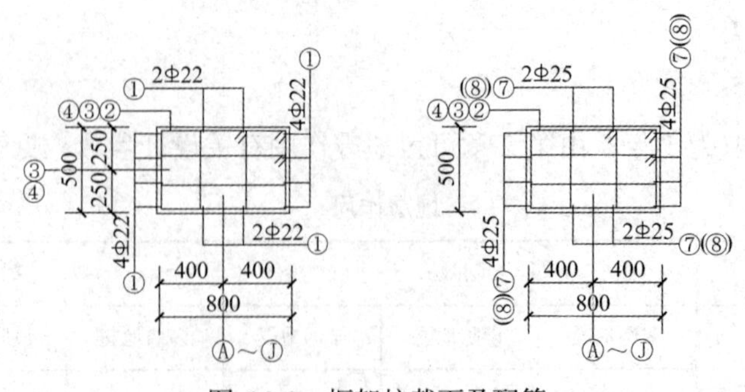

图 6.2-3 框架柱截面及配筋

根据原设计图纸（图 6.2-2～图 6.2-3）：

框架梁截面：350mm × 900mm

框架梁支座下部钢筋 4⌀25（不计弯起钢筋），配筋面积 1964mm²

框架梁支座上部钢筋 9⌀25，配筋面积 4419mm²

框架梁支座处腰筋 2⌀12，配筋面积 226mm²

框架柱截面：500mm × 800mm

框架柱轴力标准值：1378kN

（1）受弯承载力验算

柱边缘处弯矩标准值：

$$M_{\mathrm{s}}=\frac{N}{2}\times 0.3=\frac{1378}{2}\times 0.3=206.7\mathrm{kN}\cdot\mathrm{m}$$

转换梁承载力按深受弯构件（深梁）计算：

计算跨度：$l_0=1.4\mathrm{m}$

取计算跨度：$l_0=2h=1.8\mathrm{m}$

跨高比：$\dfrac{l_0}{h}=\dfrac{1.8}{0.9}=2.0$

跨中截面有效高度：$h_0=0.9h=810\mathrm{mm}$

截面受压区高度：$x=0.2h_0=0.18h$

$$\alpha_{\mathrm{d}}=0.8+0.04\frac{l_0}{h}=0.8+0.04\times 2=0.88$$

内力臂：$z=\alpha_{\mathrm{d}}(h_0-0.5x)=0.88\times(0.9\times 900-0.5\times 0.18\times 900)=642\mathrm{mm}$

截面抵抗矩：$M_{\mathrm{R}}=f_{\mathrm{y}}A_{\mathrm{s}}z=300\times 1964\times 642=378.3\mathrm{kN}\cdot\mathrm{m}$

安全系数：$\dfrac{M_{\mathrm{R}}}{M_{\mathrm{S}}}=\dfrac{378.3}{206.7}=1.83$

（2）受剪承载力验算

单侧梁承受剪力标准值：

$$V_{\mathrm{S}}=\frac{N}{2}=\frac{1378}{2}=689\mathrm{kN}$$

当梁的高度不大于宽度的4倍时，验算受剪截面：

$$V_{\mathrm{s}}=689\mathrm{kN}\leqslant\frac{1}{60}\left(10+\frac{l_0}{h}\right)\beta_{\mathrm{c}}f_{\mathrm{ck}}bh_0=\frac{1}{60}\times(10+2)\times 16.7\times 350\times 810=946.9\mathrm{kN}$$

框架梁受剪承载力标准值按照集中荷载作用深受弯构件计算，忽略弯起钢筋：

$$\begin{aligned}V_{\mathrm{R}}&=\frac{1.75}{\lambda+1}f_{\mathrm{tk}}bh_0+\frac{\left(5-\frac{l_0}{h}\right)}{6}f_{\mathrm{yh}}\frac{A_{\mathrm{sh}}}{s_{\mathrm{v}}}h_0\\&=\frac{1.75}{1.25}\times 1.78\times 350\times 810+\frac{(5-2)}{6}\times 300\times\frac{226}{360}\times 910\\&=792.1\mathrm{kN}\end{aligned}$$

安全系数：$\dfrac{V_{\mathrm{R}}}{V_{\mathrm{S}}}=\dfrac{792.1}{689}=1.15$

（3）局部承压验算

为方便安装，临时支撑顶部采用 500mm × 500mm 的正方形法兰盘，转换梁下表面混凝土局部压应力按 500mm × 350mm 的受荷面积计算：

$$\frac{N}{A_l}=\frac{689000}{500\times 350}=3.9\text{N/mm}^2\leqslant 16.7\text{N/mm}^2$$

6.2.6 临时支撑设计

临时支撑高：5.8m，两端铰接

轴压力标准值：689kN

选用ϕ245 × 12mm 的圆钢管

材料：Q235B

强度设计值：215N/mm^2

截面面积：

$$A=12\pi(D-12)=8784\text{mm}^2$$

惯性矩

$$I=\frac{\pi D^4}{64}(1-\alpha^4)=5.977\times 10^7\text{mm}^4$$

式中：$\alpha=\dfrac{d}{D}$

d——钢管内直径；

D——钢管外直径。

回转半径：

$$i=\sqrt{\frac{I}{A}}=\sqrt{\frac{5.977\times 10^7}{8784}}=82\text{mm}$$

长细比：

$$\lambda=\frac{\mu L}{i}=\frac{1\times 5.8}{0.082}=70.7$$

稳定系数：

$$\varphi=0.834$$

临时支撑稳定验算：

$$\frac{N}{\varphi A}=\frac{689000}{0.834\times 8784}=94.0\text{N/mm}^2\leqslant 215\text{N/mm}^2$$

6.2.7 基础设计

框架柱为单桩基础，桩承台厚 1.0m，承台混凝土强度等级为 C20（图 6.2-4）。

临时支撑底部采用ϕ390 × 20mm 的圆形法兰盘（图 6.2-5）。

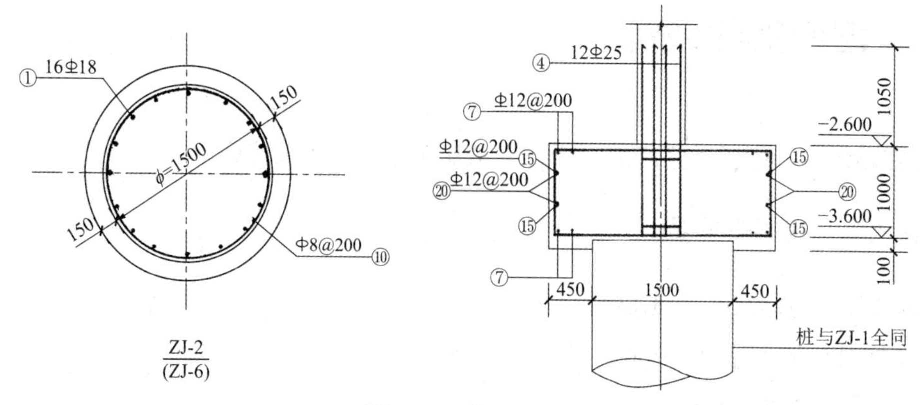

图 6.2-4 桩基础

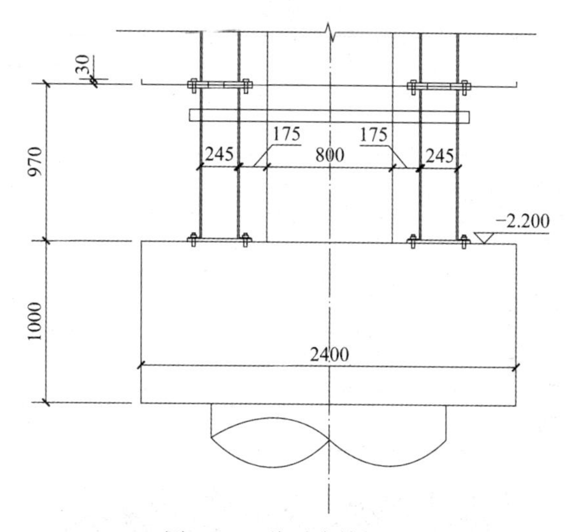

图 6.2-5 临时支撑基础

（1）桩基承台混凝土局部承压验算

局部压力标准值：$F_l = 689\text{kN}$

混凝土局部受压强度提高系数：

$$\beta_l = \sqrt{\frac{A_\text{b}}{A_l}} = 3$$

局部受压承载力标准值：

$$1.35\beta_\text{c}\beta_l f_\text{ck} A_{l\text{n}} = 1.35 \times 1.0 \times 3 \times 13.4 \times \frac{\pi \times 390^2}{4} = 6483.0\text{kN}$$

局部承压安全系数：$\dfrac{6483.0}{689} = 9.4$

（2）承台冲切验算

承台厚度 1m，冲切满足。

6.3 逆向拆除设备

逆向拆除设备主要包括液压千斤顶、液压泵站、控制系统等。

6.3.1 液压千斤顶

框架柱轴力标准值：1378kN。

选用 315t 的千斤顶（图 6.3-1）。

千斤顶参数见表 6.3-1。

千斤顶参数　　表 6.3-1

参数/型号	XY-DS-315
承载能力	315t
工作压力	25MPa
工作行程	250mm
千斤顶外径	590mm
千斤顶高度	710mm
千斤顶重量	1018kg

图 6.3-1　液压千斤顶

6.3.2　液压泵站

液压泵站系统（图 6.3-2）的特点：

（1）流量大，额定流量 58L/min；

（2）采用多油路控制，每台泵站 8 个输出油路；

（3）控制系统采用 PLC 同步控制，系统稳定性好，精度高；

（4）系统采用 CAN 总线连接，可扩展多台泵站统一控制；

（5）系统安全性好，有压力保护、位移同步控制、不同步偏差设定。

图 6.3-2　液压泵站

泵站参数见表 6.3-2。

液压泵站参数　　表 6.3-2

参数名称	数值
系统型号	JY-BY-60
电机功率（kW）	2 × 30 + 3
额定流量（L/min）	58
额定油压（MPa）	31.5
外接缸数	8 路
油箱容积（L）	600
外形尺寸（mm）	1550 × 1200 × 1985
重量（kg）	2200

6.3.3 同步控制系统

液压同步顶升、卸载控制系统采用传感监测和计算机集中控制，通过数据反馈和控制指令传递，可全自动实现同步动作、负载均衡、姿态矫正、应力控制、操作闭锁、过程显示和故障报警等多种功能。

液压同步顶升、卸载控制系统设备采用 CAN（Controller Area Network）总线控制以及从主控制器到液压千斤顶的三级控制，实现了对系统中每一台千斤顶的独立实时监控和调整，从而使得液压顶升或下降的同步控制精度更高，实时性更好。

通过计算机人机界面的操作，可以实现自动控制、顺控（单行程动作）、手动控制以及单台千斤顶的点动操作，从而达到逆向拆除施工工艺中所需要的同步顶升及下降、单点毫米级微调等特殊要求。

同步控制以“位移同步”优先，同时保证“力均载”。液压顶升系统使用位移检测装置来实时监控每根柱子的位移变化量，通过压力传感器反馈各个千斤顶内部的压力情况，通过单点的升降调整来保证整体位移的一致性，使各点位移控制在设定的精度范围内。

位移同步控制：位移监测装置和压力传感器通过信号线将采集到的信号传输给分控箱，分控箱再通过 Profibus（Process Field BUS）总线将数据上传给总控制器，总控制器通过运算，适时调整各点的运行状态。例如，某一点的下降量过大，当总控制器得到该信号时，会对该点发出等待信号，等其他各点的下降量与之相近时，再发出继续下降的信号，即所谓“快的等慢的”。

顶升力控制：控制系统对泵站发出加压或减压指令，又通过压力传感器采集油压信息传到控制系统，通过计算可以实时显示出各点千斤顶的顶升力。

6.4 逆向拆除流程

6.4.1 施工流程

首先采用临时支撑顶紧框架梁，框架柱卸载，然后采用绳锯或电镐切割、剔凿框架柱，平整受力面，再放入千斤顶；顶升千斤顶油缸，临时支撑卸载，取下临时支撑上的垫片或垫块，千斤顶降落，结构随之整体降落，拆除梁板，进入下一层拆除，循环操作直至将整栋建筑拆除。

逆向拆除的主要施工流程如图 6.4-1 所示。

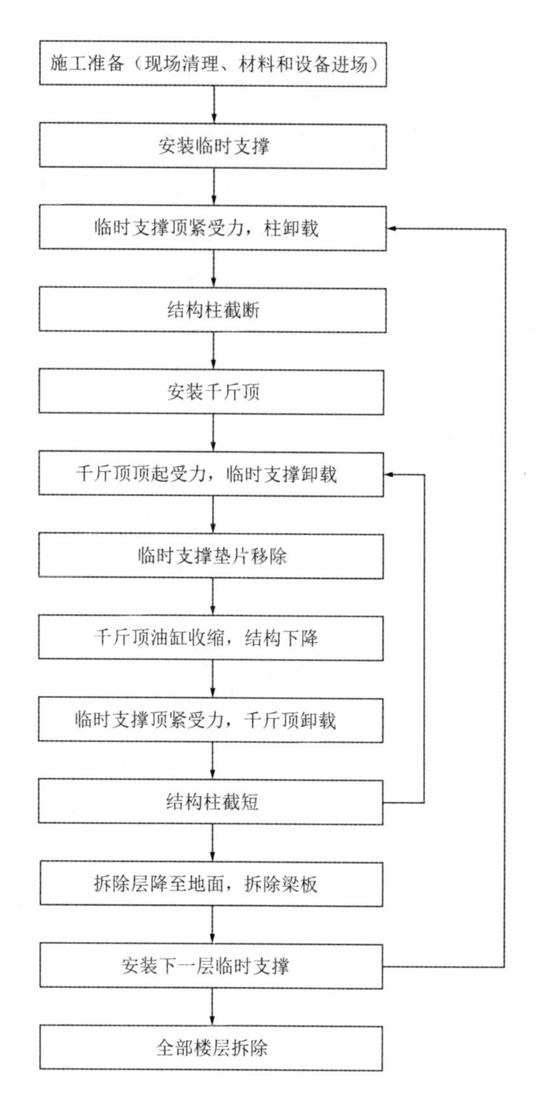

图 6.4-1 逆向拆除流程

试点工程逆向拆除施工详细流程如下：

第一步：安装临时支撑地下节。

临时支撑下端支承在框架柱桩基承台上，将柱周围土体清挖至承台顶，在承台上植入螺栓，将临时支撑地下节固定在承台上，该步安装如图 6.4-2 所示。

第二步：安装临时立柱标准节。

标准节每节长 1200mm，两端带有法兰盘，标准节之间通过高强度螺栓进行连接，梁底部标准节通过锚杆与顶板之间进行固定，该步安装如图 6.4-3 所示。

第三步：切割结构柱，放置千斤顶及垫块。

待临时支撑全部安装完成后开始切割结构柱，取出切割下来的柱段，放置千斤顶，千斤顶就位后，其上端表面放置五个 200mm 高的垫块，直到柱底 200mm 处，该步施工如

图 6.4-4 所示。

第四步：顶升千斤顶，将临时支撑第一节置换为垫块。

千斤顶顶升 210mm 受力，临时支撑卸载，取出临时支撑第一节，在其空出的位置放置 5 个 200mm 的垫块和 1 个 10mm 的垫板，该步施工如图 6.4-5 所示。

第五步：回落千斤顶，取出千斤顶上的 200mm 垫块，该步施工如图 6.4-6 所示。

第六步：顶升千斤顶 220mm，取出临时支撑下的一个 200mm 高垫块，该步施工如图 6.4-7 所示。

第七步：回落千斤顶，取出千斤顶上的 200mm 垫块，该步施工如图 6.4-8 所示。

第八步：重复第六步、第七步操作，直至临时支撑下的垫块完全取出，回落千斤顶至原始状态。

第九步：重复第三步至第八步，重复两次，每次切割柱长度为 1200mm，将结构降落至接近地面的高度，如图 6.4-9 所示状态。

第十步：切割原二层（4.470m 标高）楼面梁及楼板，完成首层的拆除，如图 6.4-10 所示。

第十一步：二层楼板及楼面梁拆除完成后，将临时支撑安装在原三层（9.870m 标高）框架梁底部，对二层进行逆向拆除，拆除过程与首层拆除过程相同，其余以上各层的逆向拆除过程类似，直至结构拆除完成。

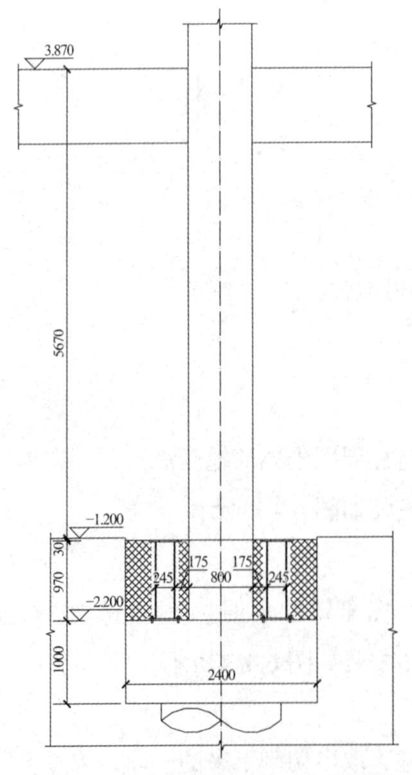

图 6.4-2　逆向拆除施工第一步示意图

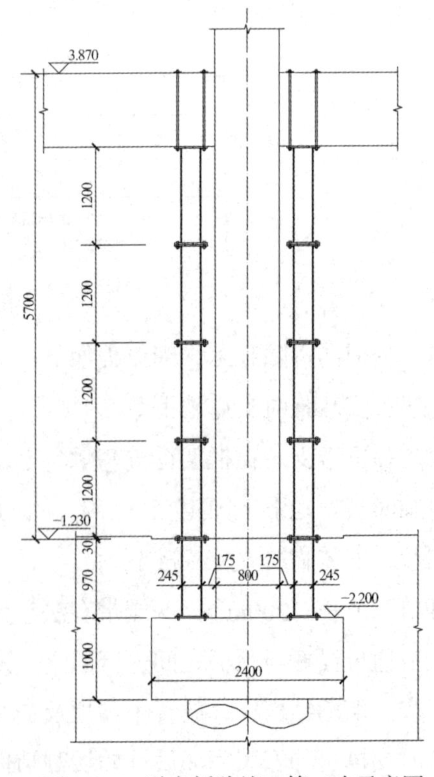

图 6.4-3　逆向拆除施工第二步示意图

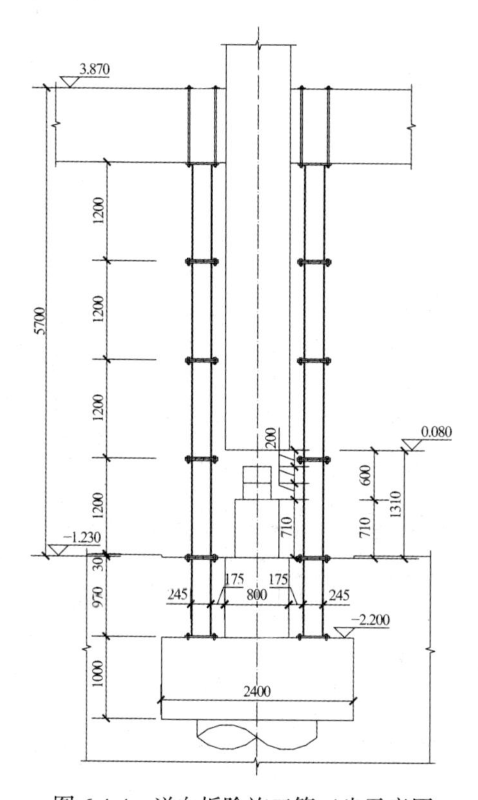

图 6.4-4　逆向拆除施工第三步示意图

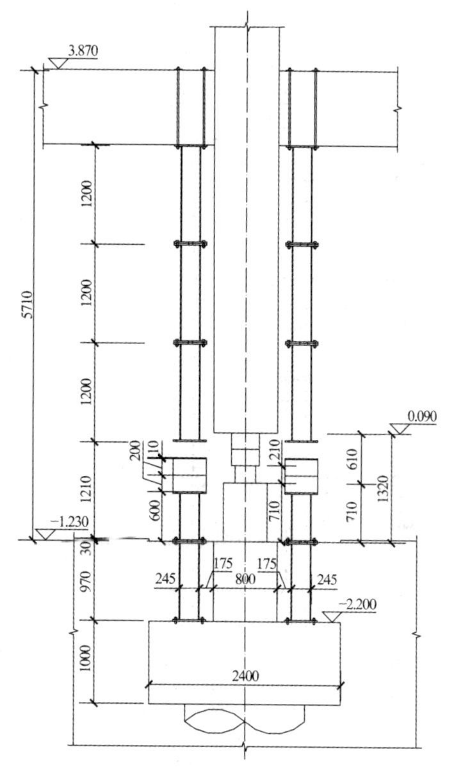

图 6.4-5　逆向拆除施工第四步示意图

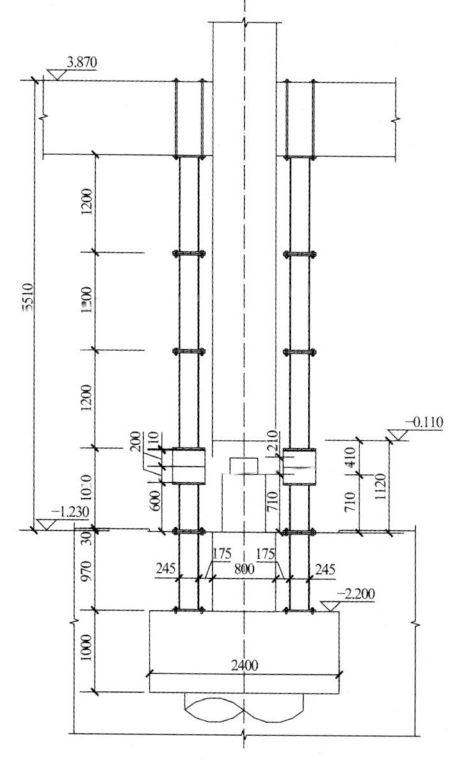

图 6.4-6　逆向拆除施工第五步示意图

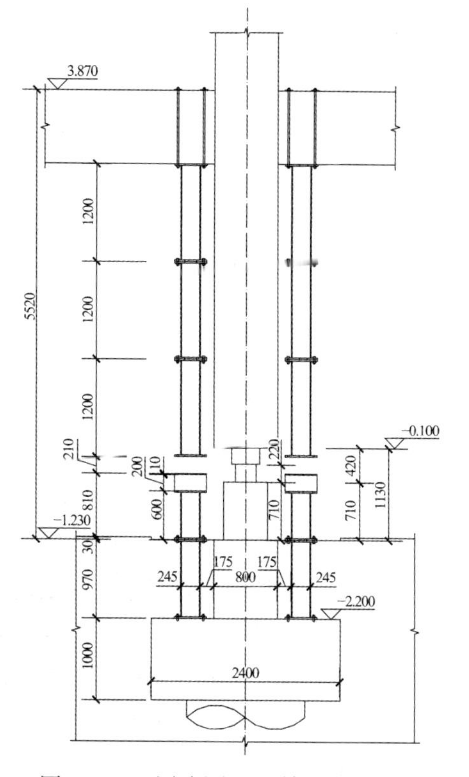

图 6.4-7　逆向拆除施工第六步示意图

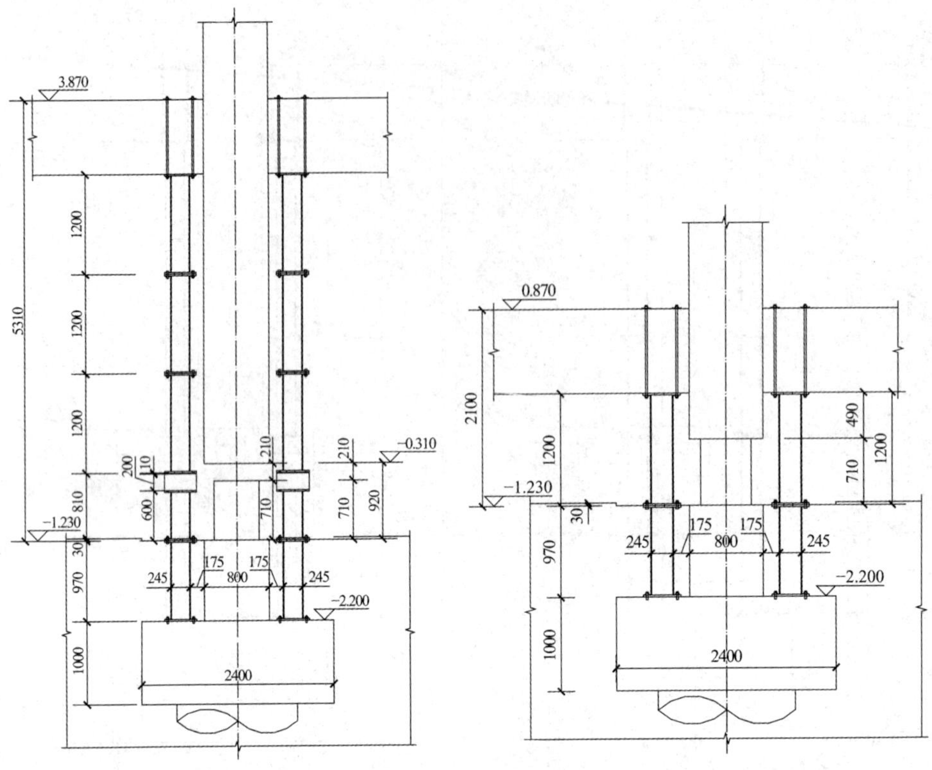

图 6.4-8　逆向拆除施工第七步示意图　　　　图 6.4-9　逆向拆除施工第九步示意图

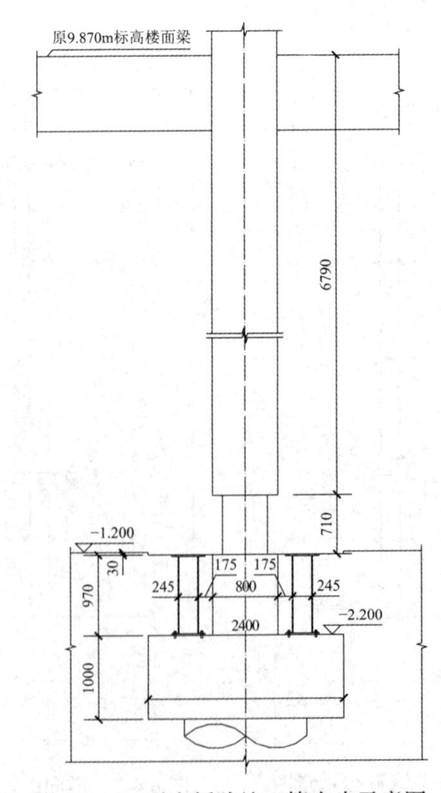

图 6.4-10　逆向拆除施工第十步示意图

6.4.2　注意事项

作为千斤顶下落过程中的一项附加安全措施，在抽取垫片的过程中要控制抽取速度，尽量保证在下降过程中临时支撑上部与垫块之间的空隙不至于过大，建议不超过 20mm。这样即使施工过程中出现一些意外因素，也可防止结构快速坠落形成冲击荷载，并且建筑也不至于发生过大的倾斜（图 6.4-11）。

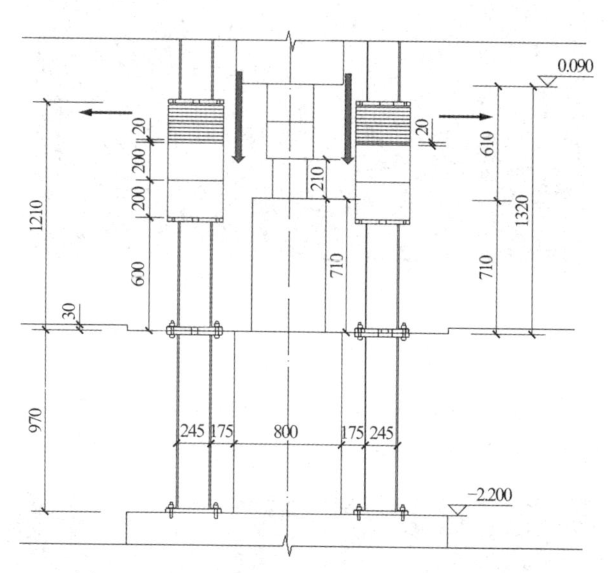

图 6.4-11　千斤顶下降过程中抽取垫片示意图

6.5　现场监测

（1）位移监测

位移监测采用激光测距仪（图 6.5-1），安装在框架柱上，靶点设置在钢梁上，同时现场采用手持式激光测距仪对固定的激光测距仪数据进行比对复核。

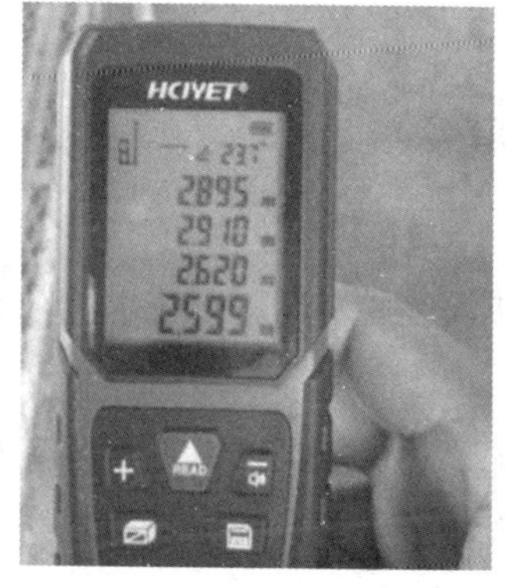

图 6.5-1　激光测距仪

（2）倾斜监测

采用倾角仪（图 6.5-2），通过电锤钻孔、植入膨胀螺栓固定在屋面板上并调零。

图 6.5-2　倾角仪

（3）应变监测

在临时支撑上安装振弦应变仪（图 6.5-3），对临时支撑的应变状态进行监测，对应变数据进一步分析即可得临时支撑的应力。

图 6.5-3　应变仪

6.6　现场施工

传统拆除模式设备要求简单，技术要求不高，与传统拆除方式相比，逆向拆除现场施工具有以下特点：

（1）除了千斤顶和液压泵站，还需要叉车等小型运输设备以及绳锯等切割工具；

（2）现场断水断电，千斤顶、泵站、静力切割工具等均需要临时用水、用电；

（3）现场需要钢结构安装、机械设备方面的技术工人。

拆除现场设置封闭围栏、警戒线，并设置安全网防止小碎块坠落。安装声光报警器，与监测系统联动，出现意外情况时，声光报警器启动报警，现场施工人员及时处理或撤离。

现场施工安装临时支撑柱脚、导向架、千斤顶、卸载等过程照片如图 6.6-1～图 6.6-6所示。

图 6.6-1　安装临时支撑柱脚

图 6.6-2　安装导向架

图 6.6-3　安装千斤顶

图 6.6-4　临时支撑卸载

图 6.6-5　设置安全网和警戒线

图 6.6-6　现场施工照片

6.7　模拟竖向位移差试验

6.7.1　试验目的

当不同点位的千斤顶不同步时，相当于结构支座发生竖向位移差，给结构带来附加应力，造成千斤顶实际受力发生改变。当位移差过大时，结构部分构件会进入塑性状态，内力发生重分布，千斤顶实际受力状态发生进一步改变。在某些极端情况下，结构构件会发生损坏，或者千斤顶的实际受力超出千斤顶最大承载能力，影响拆除过程安全。为避免千斤顶不同步带来安全隐患，逆向拆除现场施工前需对下降过程的不同步进行模拟计算。但由于钢筋混凝土结构带裂缝工作，刚度会随着受力状态发生变化，计算分析要模拟出实际受力状态存在一定的困难。

结合试点工程，现场做了模拟竖向位移差的试验，实测了拆除过程中框架柱的位移和轴力数据，采用了弹性分析法、塑性铰法、弹塑性分析法、梁刚度折减法四种计算方法与现场实测值进行分析对比，研究下降过程不同步造成的框架柱轴力变化规律，为逆向拆除方案设计、千斤顶选择提供计算和试验依据。

6.7.2 单柱顶升试验

单柱顶升试验框架柱编号如图 6.7-1 所示。

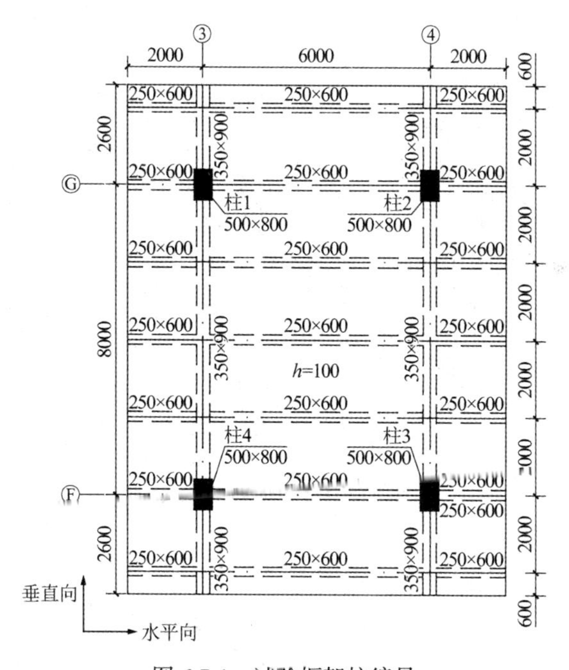

图 6.7-1 试验框架柱编号

在逆向拆除现场，为了研究竖向位移下降不同步对柱底内力的影响，进行了 6 组试验工况，如表 6.7-1 所示，其中工况 1～工况 4 为单柱顶升试验，工况 5、工况 6 为双柱顶升试验。

试验工况汇总 **表 6.7-1**

试验工况	试验内容	千斤顶最大位移值（mm）
工况 1	千斤顶顶起柱 1	38
工况 2	千斤顶顶起柱 2	36

续表

试验工况	试验内容	千斤顶最大位移值（mm）
工况 3	千斤顶顶起柱 3	32
工况 4	千斤顶顶起柱 4	35
工况 5	千斤顶同时顶起柱 1 和柱 3	32
工况 6	千斤顶同时顶起柱 2 和柱 4	32

由图 6.7-2 可以看出，四种工况下，柱轴力-竖向位移均为非线性变化；顶起柱轴力与竖向位移曲线（图 6.7-2a）、8m 邻柱轴力与竖向位移曲线（图 6.7-2c）、6m 邻柱轴力与竖向位移曲线（图 6.7-2d）在四种工况作用下的变化规律基本一致，轴力和顶起位移曲线比较贴近；角柱轴力-竖向位移曲线（图 6.7-2b）在工况 4 作用下与其他 3 个工况偏离较大，该偏离主要是现场测试仪器被误碰造成。

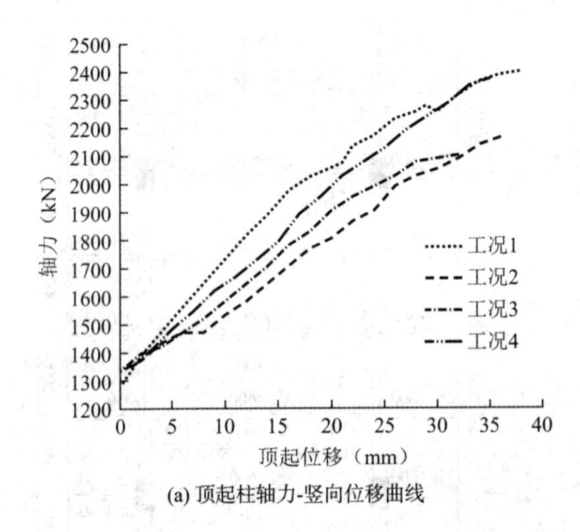

(a) 顶起柱轴力-竖向位移曲线

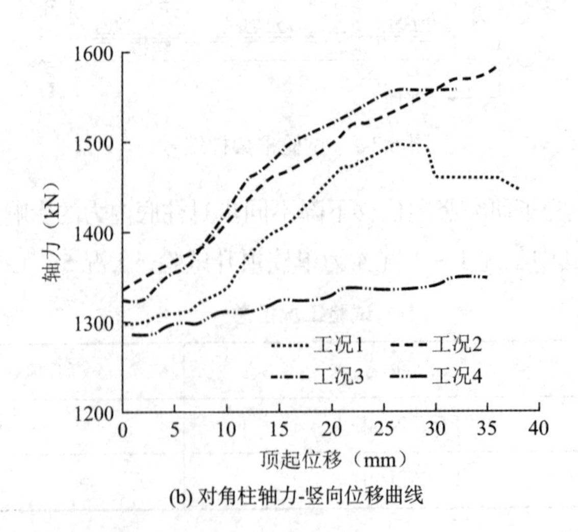

(b) 对角柱轴力-竖向位移曲线

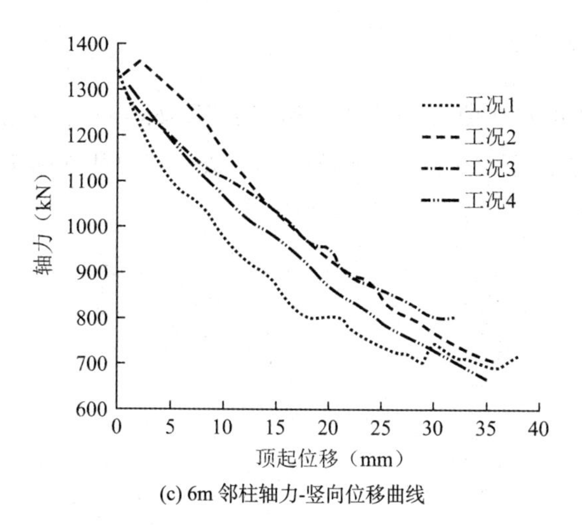

(c) 6m 邻柱轴力-竖向位移曲线

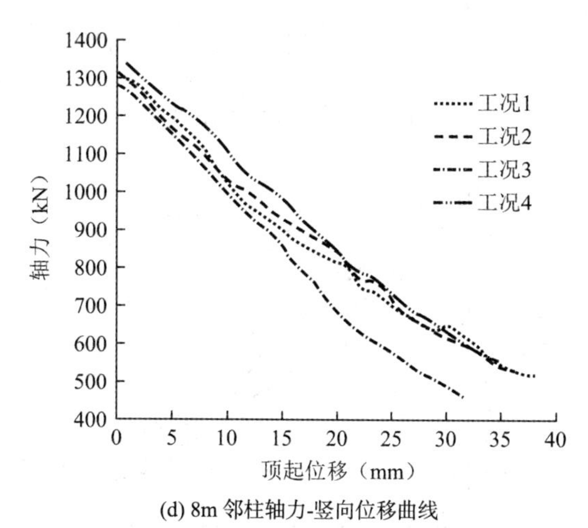

(d) 8m 邻柱轴力-竖向位移曲线

图 6.7-2　单柱顶升试验柱轴力-位移曲线

表 6.7-2 列出四种工况下单柱顶升位移为 30mm 时（相当于柱位移差 1/200）的柱轴力值，柱的总反力最大相差 3.2%。

单柱顶升位移为 30mm 时柱轴力值　　表 6.7-2

柱	轴力（kN）				
	工况 1	工况 2	工况 3	工况 4	平均值
顶起柱	2250	2052	2089	2262	2163
对角柱	1459	1557	1557	—	1524
6m 邻柱	742	766	803	730	760
8m 邻柱	655	618	494	637	601
总反力	5106	4993	4943	—	5048

6.7.3 双柱顶升试验

由图 6.7-3 可见，顶起柱轴力与竖向位移曲线（图 6.7-3a）、相邻柱轴力与竖向位移曲线（图 6.7-3b）在两种工况作用下变化规律基本一致，轴力和顶起位移曲线比较接近。

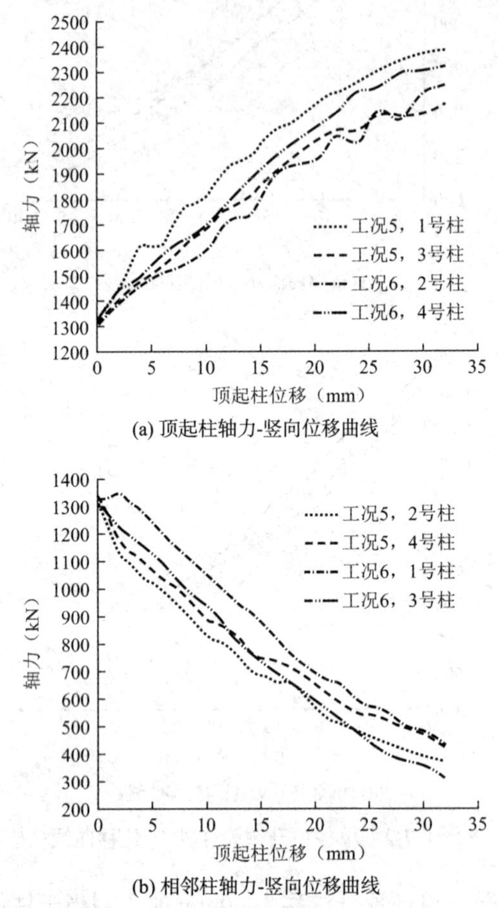

(a) 顶起柱轴力-竖向位移曲线

(b) 相邻柱轴力-竖向位移曲线

图 6.7-3 双柱顶升试验柱轴力-位移曲线

表 6.7-3 列出两种工况下双柱顶升位移为 30mm（相当于柱位移差 1/200）时的柱轴力值。

双柱顶升时位移为 30mm 时柱轴力值 **表 6.7-3**

<table>
<tr><th rowspan="2">柱</th><th colspan="3">轴力（kN）</th></tr>
<tr><th>工况 5</th><th>工况 6</th><th>均值</th></tr>
<tr><td>顶起柱 1</td><td>2373</td><td>2311</td><td rowspan="2">2262</td></tr>
<tr><td>对角柱 2</td><td>2138</td><td>2225</td></tr>
<tr><td>邻柱 1</td><td>396</td><td>358</td><td rowspan="2">427</td></tr>
<tr><td>邻柱 2</td><td>470</td><td>482</td></tr>
</table>

6.7.4　计算分析

对于单柱顶升和双柱顶升的柱底内力，分别采用弹性分析法、塑性铰法、弹塑性分析法、梁刚度折减法四种方法进行理论计算。

弹性分析法采用 SAP2000 软件建立有限元模型，选取空间杆单元模拟梁柱，壳单元模拟楼板，柱底约束为铰支座，在柱底节点施加强制位移模拟千斤顶位移。

塑性铰法采用 SAP2000 软件建立模型，梁两端定义 M3 铰，塑性铰距梁端 200mm，柱两端定义 M2M3 铰，塑性铰距柱端 300mm。同样在柱底节点施加强制位移模拟千斤顶位移。

弹塑性有限元法采用 ABAQUS 软件建立模型，混凝土本构采用弹塑性损伤模型，该模型可以考虑混凝土材料拉压强度差异、刚度及强度退化以及拉压循环裂缝闭合呈现的刚度恢复等性质，钢筋本构采用双线性随动硬化模型。

梁刚度折减法采用 SAP2000 软件建立模型，然后对梁刚度进行折减，具体做法如下：

将《混凝土结构设计规范》GB 50010—2010（2015 版）中梁的短期刚度B_s公式改写成下式的形式：

$$B_{\mathrm{s}}=\frac{E_{\mathrm{c}}bh_0^3}{\dfrac{\psi}{\eta\alpha_{\mathrm{E}}\rho}+\dfrac{1}{\zeta}}=E_{\mathrm{c}}I_0\frac{12\dfrac{I}{I_0}\left(\dfrac{h_0}{h}\right)^3}{\dfrac{\psi}{\eta\alpha_{\mathrm{E}}\rho}+\dfrac{1}{\zeta}}=E_{\mathrm{c}}I_0\beta \tag{6.7-1}$$

式中：E_c——混凝土弹性模量；

α_E——钢筋弹性模量与混凝土弹性模量的比值；

ρ——纵向受拉钢筋配筋率；

I——截面惯性矩；

I_0——换算截面惯性矩；

ψ——裂缝间纵向受拉普通钢筋应变不均匀系数；

η——内力臂系数；

ζ——混凝土受压边缘平均应变综合系数；

h——截面高度；

h_0——截面有效高度。

可得梁刚度折减系数

$$\beta=\frac{12\dfrac{I}{I_0}\left(\dfrac{h_0}{h}\right)^3}{\dfrac{\psi}{\eta\alpha_{\mathrm{E}}\rho}+\dfrac{0.2}{\alpha_{\mathrm{E}}\rho}+6}=\frac{12\dfrac{I}{I_0}\left(\dfrac{h_0}{h}\right)^3}{\left(1.46-0.75\dfrac{f_{\mathrm{tk}}}{\rho_{\mathrm{te}}\sigma_{\mathrm{s}}}\right)\dfrac{1}{\alpha_{\mathrm{E}}\rho}+6} \tag{6.7-2}$$

式中：ρ_{te}——按有效受拉混凝土截面面积计算的纵向受拉钢筋配筋率；

σ_s——按荷载准永久组合计算的纵向受拉钢筋应力；

f_{tk}——混凝土抗拉强度标准值。

梁刚度折减系数β与构件的截面尺寸、配筋率、材料及钢筋的应力水平有关。

截面为350mm × 900mm的框架梁支座配筋9 ⌀25，下部通长筋6 ⌀25，250mm × 600mm截面的框架梁上下均配置3 ⌀20 钢筋。次梁截面为250mm × 600mm，支座配筋1 ⌀25 + 2 ⌀22，下部通长筋3 ⌀22。

根据式(6.7-2)可得到梁的刚度折减系数见表6.7-4。

梁刚度折减系数　　表6.7-4

截面	梁支座	梁跨中
350mm × 900mm 框架梁	0.42	0.26
250mm × 600mm 框架梁	0.31	0.31
250mm × 600mm 次梁	0.32	0.30

6.7.5 计算结果与试验结果对比分析

根据上述计算方法对单柱和双柱顶升过程进行数值模拟分析，计算结果与试验结果对比如下：

（1）单柱顶升计算结果与试验结果对比

图6.7-4是单柱顶升试验平均值与四种分析法计算结果的轴力-位移对比曲线。

由图6.7-4可以看出，弹性分析法、塑性铰法、弹塑性分析法和梁刚度折减法得到的柱轴力计算值在小位移段（⩽ 5mm）差别不大，与试验值基本一致；随着竖向位移的加大，弹性分析法、塑性铰法和弹塑性分析法得到的计算值与试验值偏差越来越大；梁刚度折减法得到的顶起柱、对角柱计算值与试验值基本保持一致，轴力-位移曲线吻合较好，6m 邻柱的计算值与试验值出现一定偏差，8m 邻柱的计算值与试验值偏差较大。整体而言，梁刚度折减法基本能反映柱底位移不同步时各柱轴力的变化规律。

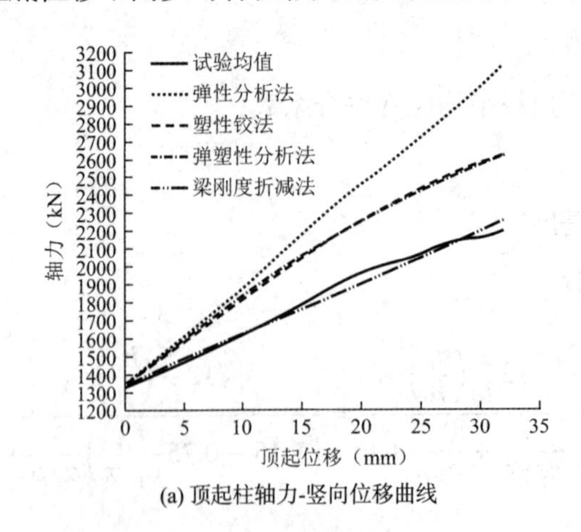

(a) 顶起柱轴力-竖向位移曲线

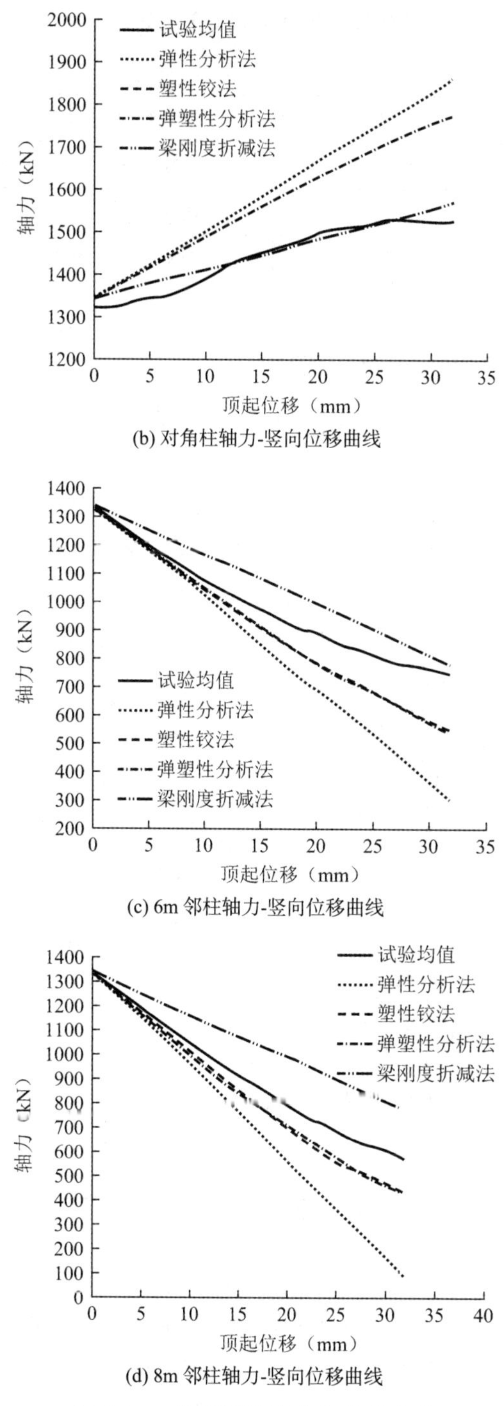

(b) 对角柱轴力-竖向位移曲线

(c) 6m 邻柱轴力-竖向位移曲线

(d) 8m 邻柱轴力-竖向位移曲线

图 6.7-4　单柱顶升柱轴力-位移曲线

单柱顶升试验千斤顶行程为 30mm（相当于柱位移差 1/200）时柱轴力试验平均值和四种方法得到的柱轴力计算值汇总于表 6.7-5，可以看出，弹性分析法、塑性铰法与弹塑性分析法得到的柱底轴力计算值与试验值相差较大，梁刚度折减法得到的计算结果相对比较接近。

单柱顶升 30mm 位移时柱轴力　　表 6.7-5

柱	轴力（kN）				
	试验均值	弹性分析法	塑性铰法	弹塑性分析法	梁刚度折减法
顶起柱	2163	3008	2571	2570	2194
对角柱	1524	1832	1751	1755	1556
6m 邻柱	760	361	578	576	815
8m 邻柱	601	167	467	465	803

（2）双柱顶升计算结果与试验结果对比

图 6.7-5 是双柱顶升试验结果平均值与四种分析法计算结果的轴力-位移对比曲线。

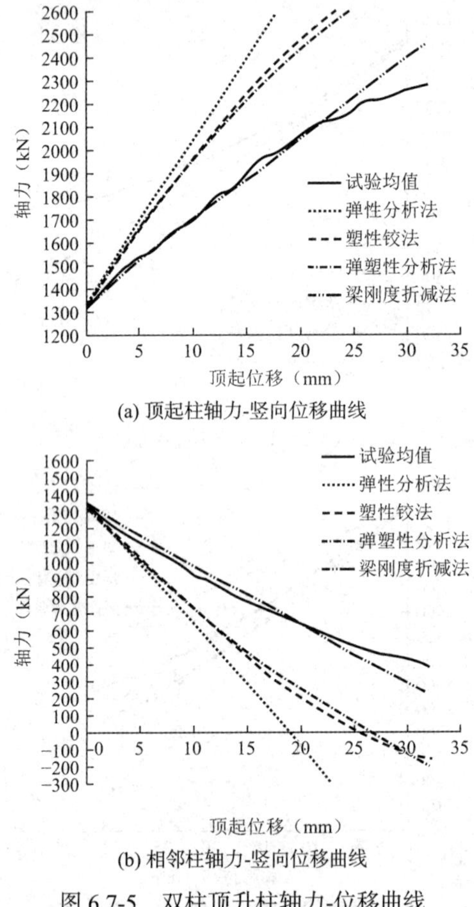

(a) 顶起柱轴力-竖向位移曲线

(b) 相邻柱轴力-竖向位移曲线

图 6.7-5　双柱顶升柱轴力-位移曲线

从图 6.7-5 可以看出，弹性分析法、塑性铰法、弹塑性分析法和梁刚度折减法得到的柱轴力计算值在小位移段（≤ 5mm）差别不大，与试验值基本一致；随着竖向位移的加大，弹性分析法、塑性铰法和弹塑性分析法得到的计算值与试验值偏差越来越大；梁刚度折减法得到的顶起柱和相邻柱轴力计算值与试验值保持基本一致，轴力-位移曲线吻合较好，基本能反映柱底位移不同步时各柱轴力的变化规律。

双柱顶升试验千斤顶行程为 30mm（相当于柱位移差 1/200）时柱轴力试验平均值和四种方法得到的柱轴力计算值汇总于表 6.7-6，可以看出，弹性分析法、塑性铰法与弹塑性分析法计算得到的柱底轴力计算值与试验值相差较大，梁刚度折减法得到的计算结果相对比较接近。

双柱顶升 30mm 位移时柱轴力值　　表 6.7-6

柱	轴力（kN）				
	试验均值	弹性分析法	塑性铰法	弹塑性分析法	梁刚度折减法
顶起柱	2262	3524	2793	2785	2401
邻柱	427	−841	−109	−101	283

6.7.6　结论

基于以上模拟竖向位移差试验及对试验数据的分析，可得到以下几点结论：

（1）在柱发生较大竖向位移差的情况下，柱轴力和竖向位移之间非线性变化。

（2）弹性分析法、塑性铰法、弹塑性分析法和梁刚度折减法得到的柱轴力计算值在小位移段（≤ 5mm）差别不大，与试验值基本一致。随着竖向位移的加大，弹性分析法、塑性铰法和弹塑性分析法得到的柱轴力计算值与试验值偏差越来越大，梁刚度折减法得到的柱轴力计算值与试验值基本保持一致。

（3）整体而言，梁刚度折减法基本能反映柱底位移不同步时各柱轴力的变化规律，可以在理论分析中用来计算下降过程各柱位移不同步造成的柱轴力变化，为逆向拆除方案设计、千斤顶选择提供计算依据。

参考文献

[1] 储德文, 马宏睿, 李义龙, 等. 逆向拆除技术示范工程调研报告[R]. 北京: 建研科技股份有限公司, 2019.

[2] 时继瑞, 马宏睿, 李义龙, 等. 建筑结构逆向拆除技术示范工程实施方案 [R]. 北京: 建研科技股份有限公司, 2019.

[3] 时继瑞, 马宏睿, 李义龙, 等. 逆向拆除示范工程总结报告[R]. 北京: 建研科技股份有限公司, 2021.

[4] 时继瑞, 马宏睿, 李义龙, 等. 逆向拆除示范工程验收报告[R]. 北京: 建研科技股份有限公司, 2021.

[5] 中华人民共和国住房和城乡建设部. 混凝土结构设计规范: GB 50010—2010(2015 版)[S]. 北京: 中国建筑工业出版社, 2015.

[6] 马宏睿, 王鹍, 时继瑞, 等. 逆拆除中竖向位移不同步对框架柱底内力影响[J]. 建筑技术, 2022, 53(11): 1551-1554.